射频空心阴极放电特性及其条纹不稳定性研究

贺柳良　著
王　琴　主审

华中科技大学出版社
中国·武汉

内 容 简 介

本书主要内容包括如下几个部分：(1)射频空心阴极放电中 HCE 的变化规律及放电参数对 HCE 的影响；(2)射频空心阴极孔外等离子体密度增强机理及其影响因素；(3)射频空心阴极放电中等离子体不均匀、不稳定的现象——发光条纹。本书具有专业性、系统性、独创性、指导性这几个特点。本书非常适合作为低温等离子体物理领域的研究生及科研人员的参考用书。

图书在版编目(CIP)数据

射频空心阴极放电特性及其条纹不稳定性研究/贺柳良著. —武汉:华中科技大学出版社，2024.4

ISBN 978-7-5772-0812-1

Ⅰ.①射… Ⅱ.①贺… Ⅲ.①空心阴极-放电-研究 Ⅳ.①O462.1

中国国家版本馆 CIP 数据核字(2024)第 088181 号

射频空心阴极放电特性及其条纹不稳定性研究　　　　　　　贺柳良　著
Shepin Kongxin Yinji Fangdian Texing ji Qi Tiaowen Buwendingxing Yanjiu

策划编辑：胡天金
责任编辑：陈　骏　何家乐
封面设计：原色设计
责任校对：阮　敏
责任监印：朱　玢
出版发行：华中科技大学出版社(中国·武汉)　　电话：(027)81321913
　　　　　武汉市东湖新技术开发区华工科技园　　邮编：430223
录　　排：华中科技大学惠友文印中心
印　　刷：武汉市洪林印务有限公司
开　　本：710mm×1000mm　1/16
印　　张：8
字　　数：126 千字
版　　次：2024 年 4 月第 1 版第 1 次印刷
定　　价：78.00 元

前　　言

　　基于空心电极增强的射频容性耦合等离子体源是一种高效电离和高密度的射频等离子体源，广泛应用于微电子工业中高端芯片生产的等离子体刻蚀和薄膜沉积过程。评价刻蚀过程良好的指标主要有高的刻蚀速率、刻蚀均匀等，提高等离子体密度可提高刻蚀速率。提高电源频率可提高等离子体密度，但高的电源频率也容易导致趋肤效应、驻波效应等电磁现象的发生，从而导致等离子体在径向上分布不均匀，最终影响等离子体工艺的径向均匀性。如果将常规的平行板电极用空心电极来代替，即采用射频空心阴极放电装置，能在 13.56 MHz 的较低频率下（不出现电磁效应）在孔外获得高密度且径向均匀性好的等离子体，因此射频空心阴极放电具有很高的应用价值。但孔外高密度等离子体的产生机理和调控手段目前还不明确，因此无法通过优化装置来改善等离子体特性，也无法针对已经搭建好的射频空心阴极放电装置提出有效的参数控制技术要求。由于在一定放电条件下空心电极孔内存在的空心阴极效应与孔外的高密度等离子体之间是"源"和"汇"的关系，本书采用了实验结合数值模拟的方法，通过对一个射频周期内不同时刻孔内空心阴极效应（HCE）的变化及其维持机制，孔内 HCE 以及孔外的等离子体密度与操作条件（包括电源功率、工质气体的气压、电极间距、空心电极尺寸和形状）之间的关系的研究，旨在弄清射频和 HCE 的耦合机制，明确孔外等离子体密度的增强机理，得到孔外等离子体密度与放电条件的预估关系，为高密度射频容性耦合等离子体源的设计与优化提供理论依据。同时，孔外等离子体分布的均匀性也是射频空心阴极放电中的核心问题，本书也将对放电产生的不均匀等离子体现象——发光条纹进行研究。本书的主要内容包括如下几个部分：(1)射频空心阴极放电中 HCE 的变化规律及放电参数对 HCE 的影响；(2)射频空心阴极孔外等离子体密度增强机理及其影响因素；(3)射频空心阴极放电中的等离子体不均匀、不稳定的现象——发光条纹。本书具有专业性、系统性、独创性、指导性这几个特点。本书非常适合作为低温等离子体物理领域的研究生及科研人员的参考用书。

　　本书由北京建筑大学理学院贺柳良主持撰写，由北京建筑大学土木学院王琴主审，感谢北京理工大学欧阳吉庭教授、何锋副教授在书稿撰写过程中的帮助和支持。

目　　录

第1章 绪 论

1.1 研究背景和意义

空心阴极放电是一种阴极为空腔状结构的特殊放电形式。由于这一特殊空腔结构,放电存在"空心阴极效应(HCE)"[1]。与传统辉光放电相比,空心阴极放电具有如下特点:(1)工作气压高,维持电压低,电流密度大;(2)体等离子体区内的电子、离子密度高;(3)空心阴极放电中具有大量高能电子;(4)阴极孔内存在强烈的溅射现象。基于以上特点,空心阴极放电已广泛地应用于光谱化学[2,3]、等离子体喷涂[4,5]、等离子体推进器[6]等领域。最近,人们又开发了射频空心阴极放电等离子体源(radio frequency hollow cathode discharge,RF-HCD),它是射频容性耦合等离子体源(radio frequency capacitively coupled plasma,RF-CCP)的一种特殊结构,其特点是将射频源施加于空心阴极上。在 RF-HCD 结构中,存在两种机制能加强电离:高频效应和 HCE。因此,RF-HCD 能取得比常规的 RF-CCP 更高的等离子体密度。而提高等离子体密度是提高薄膜沉积速率的有效方法,因此射频空心阴极放电经常用于薄膜的快速沉积[7-9]、干刻蚀[10]和材料的表面处理[11,12]。

但利用 RF-HCD 产生的高密度等离子体一般在空腔内部,经常得不到充分利用。利用气流喷射技术可以导出空心阴极内产生的高密度等离子体[13],这样就可以在空心阴极的外部利用其孔内放电产生的高密度等离子体。另外一种引出高密度等离子体的方法是采用"增强型辉光放电"模式,它通常是在放电的轴向方向外加磁场,从而使高密度等离子体得以向孔外延伸[14,15]。

在实际的 RF-HCD 的应用中,为了得到良好的刻蚀或沉积产品,对刻蚀和沉积中等离子体的物理过程进行研究是极其必要的[16]。这些研究包括 RF-HCD 的 HCE 特性、RF-HCD 的孔外等离子体密度增强机理、放电参数(如电源电压、阴极孔径、孔深等)对 HCE 和孔外等离子体密度的影响等。通过实验方法很难获得射频放电中一个周期内不同时刻放电参数的变化,也很难通过实验方法来研究 RF-HCD 中等离子体的物理过程。而计算机仿真模拟则可以很好地再现一个周期内放电参数的变化,因此,它是研究 RF-HCD 中等离子体物理过程的较好方法。

发光条纹是气体放电中常见的一种不稳定放电现象,是沿电场方向分布的强弱相间的周期性发光现象[17],最早被发现在直流辉光放电的正柱区。气体放电中的条纹现象是等离子体不稳定性的新研究课题,不仅对非线性动力学理论的发展有重要意义,也可利用条纹与等离子体内部参数的关系进行等离子体参数诊断。

为了使射频空心阴极放电更好地应用于实际生产生活,近年来,人们在理论和实验方面对其进行了广泛的研究,取得了部分成果。但其结构较为复杂,对于不同的放电结构,往往表现出不同的放电特性。同时,人们对其腔外密度增强的机理和控制方法并不十分清楚,相应工艺也缺乏有效的参数控制手段。因此,开展低气压射频空心阴极放电下的腔外密度增强机理的研究,提出有效的参数控制技术,不仅具有重要的应用价值,而且有助于进一步丰富和发展射频等离子体放电理论。对气体放电中的发光条纹的研究一直是传统气体放电中的重要课题之一,射频空心阴极放电中的条纹形成机理是否与传统直流辉光放电中的相同也是条纹不稳定理论不可回避的问题。

1.2　射频空心阴极放电的研究进展

1.2.1　空心阴极效应

空心阴极放电,是真空放电的一种特殊形式,由德国实验物理学家帕邢

(Paschen)于 1916 年首次提出。之后空心阴极放电作为一种低气压、高密度等离子体源被广泛应用于生产和生活中。图 1.1 所示为平板型空心阴极放电结构示意图,其中相互平行的两金属平板 C1 和 C2 相对组成阴极。在一定条件下,通过调节气压 p 和两金属平板之间的距离 D,两金属平板所产生的负辉区发生重叠,即发生了空心阴极效应(HCE)。

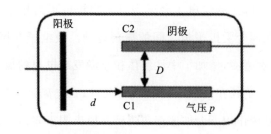

图 1.1 平板型空心阴极放电装置

图 1.2 介绍了从普通平板放电向空心阴极放电的转化过程,借此可以了解 HCE 的形成过程[18]。

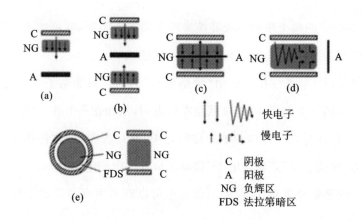

图 1.2 HCE 形成过程示意图[18]

(1)在普通的平板辉光放电中,在电场的作用下,快、慢电子都向阳极运动,如图 1.2(a)所示。

(2)在普通平板辉光放电的结构中增加一个阴极,其位置与原有阴极相对。在增加的阴极上施加和原有阴极相同的电压,这样的结构等同于两个独立的平板放电系统在工作,其放电性质实质上与普通平板辉光放电没有区别,如图 1.2(b)所示。

(3) 将平板阳极替换为细丝状阳极,并缩小两平板阴极之间的距离或者降低气压,直至两阴极的负辉区相互交叠在一起。这时从一侧阴极平板上发射的快电子在阴极位降区受到电场的加速,有足够能量穿越负辉区并到达对面阴极的位降区。到达对面阴极位降区的快电子会受到对面阴极电场的排斥,速度减至零后反向加速返回,形成在两个阴极平板之间的振荡运动。快电子在振荡过程中可与中性气体粒子发生多次碰撞,增加了中性气体粒子激发或电离的概率,电子在电场中获得的能量也大部分消耗在碰撞过程中[19]。此外,在电离过程中会产生大量正离子,这些正离子在电场作用下会加速移向阴极并撞击阴极表面,因此会产生更多的二次电子,如图 1.2(c)所示。

(4) 在(3)的基础上,将阳极从两阴极之间移至阴极外,则两阴极之间的快电子和慢电子都会有向阳极运动的趋势,但快电了的振荡运动依然存在,如图1.2(d)所示。

(5) 把(4)中的两个平板阴极替换为一个圆筒形阴极,就可把平板型空心阴极放电结构转变为圆柱型空心阴极放电结构,如图 1.2(e)所示。

由此可见,HCE 的发生主要由"钟摆电子"引起。高能电子在穿越负辉区后,会在相反的电场下受到排斥,速度减至零后返回,从而在两个相对的阴极区之间振荡,直至把能量耗尽在与气体粒子的碰撞之中,这一现象称为"钟摆效应",这些高能电子称为"钟摆电子","钟摆电子"提高了负辉区中的电离效率。

和常规的平板放电相比,空心阴极放电可以获得更高的等离子体密度的原因主要有以下两点[20]。

第一,带电粒子损失少。在常规的平板放电中,部分快电子会到达放电管壁或阳极,从而损失大部分能量;而在空心阴极放电中,快电子则被静电约束在阴极空腔内并做振荡运动,把所有的能量都消耗在激发和电离原子中。此外,空心阴极放电中,等离子体中的正离子大多被阴极壁收集,而不是被管壁或阳极收集,离子的损失明显减少。因此,也会有更多的二次电子从阴极表面释放出来。

第二,电离效率高。被静电场约束在阴极空腔内的快电子在腔内振荡,有些快电子甚至能进入阴极位降区,在其中发生电离,产生"子电子"。这些"子电子"被强的鞘层电场加速,能获得足够能量发生激发和电离,产生更多的电子。因此,电子在鞘层内的指数增殖也是 HCE 发生的重要原因。同时,正离子轰击阴极壁会产生大量的二次电子,这些二次电子在阴极位降区加速后又进入负辉区做振荡运动,进一步增加了电离效率。

1.2.2　射频空心阴极放电中的电子加热

射频电容耦合放电的实质是时变电场对电子的加热,电子加热也是电子获得能量的过程。电子在获得能量后,才会有足够的能量与中性气体粒子发生电离碰撞。在电离碰撞中会产生新的电子,这些新产生的电子会弥补放电过程中的电子损失,从而使放电得以维持。目前,在射频电容耦合等离子体中主要存在欧姆加热(碰撞加热)、随机加热(鞘层振荡加热)和二次电子加热等[21]。

在射频电容耦合放电中,时变电场在放电空间的分布并不均匀。体等离子体区的电场较弱;而在窄的鞘层区中有大的电势降,因此鞘层区的电场很强。部分能量较高且具有大的热速度的电子会向鞘层边界运动并最终在鞘层边界处被反弹,然后回到体等离子体区,电子会从这个过程中获得电场能量,这种加热方式称为随机加热[16]。随机加热最早是用"费米加速"模型来解释的[22]。在"费米加速"模型中,电子朝正在扩张的鞘层运动时,电子会获得能量;相反,当电子朝正在收缩的鞘层运动时,电子便会失去部分能量。二次电子加热是指由电极发射出的二次电子,在很强的鞘层电场中加速,获得能量的过程。

Lafleur 等人[23]利用 PIC/MCC 模型,研究了低气压狭缝型 RF-HCD 中的电子加热机制,他们认为在气压为 0.26 Torr 时,二次电子加热是主要的电子加热机制。Jiang 等人[24]利用流体模型,研究了气压为 1 Torr、频率为 13.56 MHz 时的氩气射频空心阴极放电(孔径为 1 cm)中的电子加热机制,认为鞘层振荡加热是主要的电子加热机制。Han 等人[25]利用 PIC/MCC 模型研究了在气压为 0.5 Torr 时的射频空心阴极氮气放电特性,发现鞘层振荡加热和二次电子加热对维持放电都很重要。Zhang 等人[26]利用二维的 PIC/MCC 模型,研究了在气压为 5 Torr 时的氮气射频微空心阴极放电特性,发现鞘层振荡加热和二次电子加热都对放电起了作用,但以鞘层振荡加热为主。Han 等人[27]利用二维的 PIC/MCC 模型,研究了在气压为 100 Torr 时的氮气射频微空心阴极放电特性,发现在此种情形下,二次电子加热起主要作用。Schmidt 等人[28]采用实验和理论推导相结合的办法,在矩形、圆形、三角形等空心阴极中,研究了气压为 0.07 Torr 时氖气射频放电中的电子加热,发现由于空心阴极的特殊结构而形成的非平面射频鞘层会影响电子加热,发现在空心阴极孔口正前方会有局部的高能电子聚集,这些高能电子是在鞘层扩张时,由腔内扩张的轴向鞘层推出腔外。

1.2.3　密度增强的射频空心阴极放电研究

在 RF-HCD 中,由于存在 HCE,电离效率高。又因为其空腔状结构,粒子损失少,会有更多的离子、光子、亚稳态原子等轰击空心阴极,产生更多的二次电子,增大二次电子发射系数,进一步提高电离效率。因此,在两电极之间,通过合理调控放电参数,RF-HCD 通常能获得比常规的平行板电容耦合放电更高的等离子体密度。近二十年来,众多研究者从结构、放电参数等方面对 RF-HCD 孔外的高密度等离子体进行了大量的研究。Ohtsu 等人[29]利用多孔射频空心阴极放电,在孔外获得了密度高达 $1 \times 10^{11} \ cm^{-3}$ 的等离子体,并认为获得高密度等离子体是源于多孔 HCD 结构和高的二次电子发射。他们利用此种结构来沉积薄膜,沉积速率能达到 200 nm/min。随后,Ohtsu 等人[30,31]又设计了环形空心阴极结构,并研究了气压的变化对放电的影响,发现更宽的环形结构会在更低的气压下形成 HCE。他们在孔外 0.8 cm 位置处测得的电子密度值高达 $(2 \sim 3) \times 10^{11} \ cm^{-3}$,并且发现径向等离子体密度在靠近环的位置有峰值。此后,他们还设计了不同形状的环形空心阴极,有井形、锥形、台阶形等[32],来研究在 RF-HCD 中电极结构对高密度等离子体的影响,发现在不同的结构中,等离子体密度几乎都与射频输入功率成正比。此外,他们还研究了二次电子发射系数对射频环形空心阴极放电中电子密度的影响[33],发现二次电子发射系数越大,电子密度越高。在研究孔深对 RF-HCD 中电子密度的影响时,他们发现有最优孔深[34]使电子密度最大,并用扩散模型解释孔外局部电子密度的增加是由电子加热引起的。他们发现在鞘层扩张中,孔底的轴向鞘层将电子推出对形成孔外的高密度等离子体具有重要的作用。他们还研究了气体成分、磁场等对 RF-HCD 中等离子体密度的影响[35,36]。Lee 等人[37,38]利用射频多孔空心阴极放电结构,研究了气压、功率、孔直径、气体成分等的变化对放电和等离子体密度的影响。研究发现,为了满足 HCE 条件,孔内的径向鞘层厚度应变宽,孔直径需相应增大,从而保持孔内的径向体等离子体区宽度不变。而孔内存在体等离子体区和发生在鞘层的电离雪崩则有助于高密度等离子体形成。研究还发现,电子密度和气压相关,RF-HCD 在低气压时等离子体密度增加,在高气压时等离子体密度降低[39]。Djerourou 等人[40]研究了气压和入射功率对大尺寸多孔(孔直径 4 cm,孔深 5 cm)射频空心阴极放电中电子密度的影响,发现气压会显著影响HCE 的强弱和电子密度的大小。为了在低气压下利用 RF-HCD 来处理材料表面,已开发出具有大的线性运动磁体的空心阴极结构,此种结构可以产生高密度等离子体,并且在应用中可按需求扩大结构[11,12]。研究者们还开发出了射频空心对电极结构[41],此结构综合利用了射频多孔空心阴极放电和直流空心阴极放电的优点,提高了等离子体密度,沉积微晶硅薄膜时最大沉积速率可达 6 nm/s。Fukuda等人[42]利用矩形加锥形的空心阴极结构,在宽的气压范围内获得了高密度(密度高达 6×10^{10} cm^{-3})和均匀的等离子体。他们发现一个外加的空心阴极结构能够补偿由于边沿效应引起的径向不均匀。孔深则可以控制空心阴极放电的效果,孔深越大,HCE 越强,电子密度越大。Yambe 等人[43]利用锥形空心阴极结构,在大的气压范围(3~90 Pa)内获得了高密度的等离子体,他们发现更高的射频功率能输出更大的 HCE,增加电子密度。

1.3　气体放电中的条纹研究

1.3.1　气体放电条纹的背景介绍

条纹是气体放电中常见的不稳定现象,在低气压直流辉光放电、介质阻挡放电、电晕放电中均较为常见,在射频容性耦合放电中也有出现。条纹研究对放电基本现象的了解很有意义,但在实际应用中往往需要避免。

条纹可以依据不同的标准进行分类。若条纹是自然产生,则称为自激发条纹(self-excited striations);若条纹是通过人工方法激发而产生,则称为人工条纹(artificial striations)。明暗区域位置固定的条纹称为静态条纹,反之则称为移动条纹或动态条纹。动态条纹,依据其群速度大小可分为慢条纹(P型条纹)和快条纹(R型、S型条纹)。表1.1所示为管径1 cm,气压2 Torr,放电电流3.4 mA的直流氖气放电中慢条纹和快条纹的群速度对比。

表 1.1　直流氖气放电中快慢条纹的群速度对比[44]

条 纹 种 类	群速度/(m/s)
P型	231
R型	1570
S型	4520

对电离动力学的高敏感性,使得条纹成为测试放电模型和进行等离子体诊断的理想工具;深入地研究射频放电中的条纹,能阐明在现代技术中不同的等离子体源的物理过程;同时,条纹的色散特性和方便的时空尺度使得条纹是研究非线性物理的理想工具。

1.3.2　直流辉光放电中的条纹

19世纪30年代,Faraday在实验研究中首次观察到了条纹现象。20世纪60

年代,对辉光放电条纹的研究[45,46]标志着对条纹形成机制的研究的出现。普遍认为在较低气压下的直流辉光放电中的条纹形成机制是在空间不均匀的等离子体中电子动力学的非局域效应[47]。Růžička在求解玻尔兹曼方程时发现了在空间周期性电场中电子能量分布函数(EEDF)的共振效应[48,49],Rayment 等人通过实验方法对 EEDF 进行了测量,验证了这种共振效应的存在[48,50,51]。在低气压、低电流情况下,Tsendin 建立了动力学共振模型来解释条纹现象[52]。在之后的研究中,研究者们用动力学共振理论解释了在低气压下 S 型、R 型、P 型条纹中电势差不相等的原因[48,51]。Golubovskii 等人[53-63]建立了理论模型,发现电子在周期性电场中EEDF 会出现共振现象,并用此共振效应来解释在直流辉光放电中条纹的产生和维持机制。他们发现在低气压和小电流下,电子动力学的非局域效应明显,此时电子能量损失主要由非弹性碰撞引起,弹性碰撞能量损失小。条纹间距 ΔS(电场不均匀的特征长度)远远小于电子弹性碰撞的能量弛豫长度 $\lambda\sqrt{\dfrac{M}{m}}$(其中 m 为电子质量,M 为原子质量,λ 为电子的平均自由程)。在周期性条纹状电场下,EEDF 会形成共振峰。他们认为在低气压、小电流下的条纹形成机制为不均匀电场中的非局域电子动力学效应,此种情形下的惰性气体中会形成 S 型、P 型、R 型、Q 型条纹,其中 Q 型条纹在实验中看不到。S 型条纹的条纹间距为 U^{exc}/eE(U^{exc} 为原子的第一激发能),P 型条纹的条纹间距为 $\Delta S/2$,R 型条纹的条纹间距为 $2\Delta S/3$。在实验中测得的 S 型条纹的条纹间距要略大于 ΔS(因为有弹性碰撞能量损失和激发其他几种激发态的能量损失)。

Sigeneger 和 Winkler 等人通过求解周期性电场中的 EEDF 方程,来解释电子的"群聚效应"。Kolobov 等多个研究组[64-66]通过求解轴向电场正弦分布时的Fokker-Plank 方程,认为 EEDF 弛豫过程和气压相关:低气压下($\sim$1 Torr),电子能量的弛豫过程主要取决于非弹性碰撞。

Novak 在不同的气压、管径和放电电流下,对低气压直流氖气放电中条纹间距 ΔS 上的电势降进行了测量,发现电势降 $E\cdot\Delta S$ 为一个常数(E 为电场),它不依赖于气压、电流和管直径,只取决于气体和条纹种类[67]。他认为电场强度、条纹间距

ΔS、电势降是非常重要的物理量,电场在条纹形成过程中起了重要作用,而电势降则仅依赖于气体和条纹种类,因此可利用电势降来鉴别条纹种类。

1.3.3　射频放电中的条纹

Kawamura 等人[68]利用 1D3V 的 PIC 模拟方法,在大气压 RF-CCP 中观察到了静态条纹。他们认为条纹形成的本质是非局域电子动力学而导致的电离不稳定。Liu 等人[69]在射频电容耦合放电中,首次在电负性气体中观察到了静态层状条纹,并认为,在射频放电中,条纹的形成是由射频驱动频率和负离子本征频率发生共振而导致的。在他们的模型中,负离子在条纹形成过程中必不可少。Liu 等人[70]还深入研究了驱动频率、射频电压、气压和电极间距的变化对条纹的影响,发现条纹间距与气压近似成反比,对射频电压和电极间距只有较弱的依赖;通过改变气压或射频电压,能观察到条纹和非条纹模式的转变。Sigeneger 等人利用流体模型,研究了大气压射频氩等离子体射流中的条纹。Sakawa 等人[71]在脉冲调制射频氢气放电中观察到了成对的环状条纹,并研究了条纹随压强、电压、电极间距、电极宽度等的变化。他们认为电子的运动由每半个周期改变方向的射频电场引起,在射频中的条纹对应着直流辉光放电正柱区中的静态条纹。Kumar 等人[72,73]在低气压氩气射频表面波放电中,观察到了条纹,并在考虑两步电离的情形下,利用分岔理论对在氩气中观察到的条纹现象进行了解释。Denpoh 利用 PIC/MCC 方法模拟了射频感应耦合放电中的条纹,并得到条纹趋向于在壁附近产生的结论。他认为射频条纹的形成机制为:电子密度峰值的初始振荡会从强大的自激电场得到正反馈,产生一个更高的电离率,导致电子密度进一步增加。最终,当 $\lambda_\varepsilon \gg \lambda^*$ 时,这些振荡发展为条纹。其中 λ_ε 为电子获得最小激发能所需的长度,λ^* 指电极间距。当电极间距 λ^* 足够小,有利于带电粒子迅速通过壁损失掉,则条纹容易形成。

Mulders 等人[74]在射频介质阻挡放电中观察到了条纹。Stittsworth 等人[75]在射频感应耦合放电中观察到了条纹,并认为直流辉光放电正柱区条纹理论能部分解释此种放电系统下的条纹。Penfold 等人在 4 MHz 下观察到了静态条纹和移动条纹,认为射频条纹和直流条纹机理一样。He 等人[76]用额外建立的空间电荷场来解释射频波导 CO_2 激光器中的条纹形成。Durrani 等人[77]用理论模型预测在射频中的条纹形成原因是当等离子体密度达到临界值后,空间电荷使极间电场改变。Nakata 等人[78]在压强为 $0.07\sim8$ Torr,管直径为 $0.58\sim1.8$ cm 的射频氩气放电中,观察到了静态条纹,并得到了如下结论:管半径增加,条纹间距 ΔS 呈线性增加;气压增加,条纹间距 ΔS 呈指数降低;射频功率增加,条纹间距 ΔS 增加。他们认为射频放电中的静态条纹是移动条纹的特殊状态。

1.3.4　其他放电系统中的条纹

Zhu 等人在氦气针-板铜电极放电中观察到了发光条纹,研究了气压、电极间距等对条纹的影响,发现电极间距的变化对条纹无影响,并用电离波对条纹进行了解释。Morgan 等人[79]在球对称氢电晕放电中观察到了条纹,认为条纹的形成是负离子引起的,负离子能改变径向空间电荷和电场。Ashurbekov 等人[80]在横向纳秒脉冲空心阴极放电中观察到了条纹,并认为条纹形成最可能的原因是原子被电子碰撞直接电离以及电子在电场中的迁移运动。Vysikaylo[81]认为在横向纳秒脉冲放电中形成的条纹是由于电子迁移和电子碰撞电离而形成的电离-迁移波。Liu 等人[82,83]在低频交流荧光灯中观察到了条纹,他们通过模拟发现当条纹出现时,EEDF 的高能部分是非局域的,并认为亚稳态原子是形成条纹的重要因素。Hoder 等人研究了在大气压氩气介质阻挡放电中的条纹现象,他们用直流低气压辉光放电的缩放率来描述和解释此现象,并认为条纹是局部扰动的空间电子弛豫造成的。Brian 等人在实验中发现,条纹现象出现在两步电离过程中。在条纹放电中电子数密度峰值落后于亚稳态密度峰值 $60°$,这一相移揭示了由于两步电离引起的电子动力学的非局域效应。

1.4　研究内容与安排

综上所述,国内外的研究者已经分别对射频放电和空心阴极放电的基础理论以及应用进行了广泛的研究,并取得了一些研究成果。但在二者结合方面的研究,无论是理论研究还是生产应用仍有很多根本性的问题尚待解决,这包括:①对于 RF-HCD 来说,电子加热和 HCE 是何种关系,孔径、孔深、气压、电极间距等参数的变化如何影响 HCE;②在 RF-HCD 中,阴极孔外高密度等离子体的产生机理和控制方法;③在 RF-HCD 中,条纹的形成机制。据此,除绪论外,本书其他内容安排如下。

第 2 章:详细阐述 PIC/MCC 数值模拟方法,建立 RF-HCD 的 PIC/MCC 模型,验证模型的正确性。

第 3 章:利用二维的 PIC/MCC 模型,研究 RF-HCD 中 HCE 和电子加热的关系,以及各种放电参数对 RF-HCD 中 HCE 的影响。

第 4 章:利用二维的 PIC/MCC 模型,研究在 RF-HCD 中孔外电子密度的增强效应及其影响因素。

第 5 章:通过实验的方法,研究在 RF-HCD 中出现的发光条纹,探讨 RF-HCD 中条纹形成机制,并分析放电条件(气压、功率、空心阴极孔深、外加玻璃管等)对条纹的影响。

第 6 章:对本书的工作和创新性进行总结,并对今后的研究进行展望。

第 2 章　PIC/MCC 数值模拟方法

2.1　概　　述

相比实验诊断方法,数值模拟方法具有方便、快捷、成本低、周期短等优点,因此被广泛地应用于对等离子体放电过程的研究中。整体模型、流体力学模型和 PIC/MCC 模型这三种模型经常用于对等离子体放电过程的数值模拟。整体模型中包含许多假设[84,85],且只能模拟零维时的情形,因此没有得到广泛应用。流体力学模型采用流体方程组来描述等离子体中的各种粒子的宏观特性,是以各种输运系数为基础的计算。在气体放电比较简单,不需要考虑电子能量偏离玻尔兹曼分布时,可以用流体力学模型。流体力学模型不仅可在二维与三维模拟中使用,甚至适用于对结构复杂的放电过程的模拟,而且计算耗时少,也能较好地收敛,因此非常适用于对放电结构的优化设计[86-88]。此外,有着大量反应的多种粒子间的复杂化学过程也可利用流体力学模型来模拟。流体力学模型的不足之处是它不适用于粒子处于非局域平衡状态时的模拟。在实际应用中,很多工艺都是在很低的气压下进行的,如刻蚀、溅射等,此时许多粒子都处于非局域平衡状态。此外,在低气压时,电子加热一般以随机加热为主,因此流体力学模型也不适用于研究低气压电容耦合放电中的随机加热过程。

粒子-蒙特卡罗模拟方法,又称为 PIC/MCC(particle-in-cell and monte-carlo-collision)方法,可对低气压下处于非局域平衡状态的等离子体行为进行模拟[89-92]。

PIC 方法(particle-in-cell)的本质思想是通过跟踪带电粒子的运动轨迹来研究等离子体的特性,它通过宏粒子、麦克斯韦方程组和力学定律相结合来描述带电粒子在电磁场中的运动过程。在 PIC 模型中,模拟区域被划分为许多网格,每个网格内都分布着带电粒子。获得每个网格点上的电荷密度后,就可利用麦克斯韦方程组获得空间电磁场的分布,再利用牛顿-洛伦兹方程,计算带电粒子受到的力,进而推动带电粒子。

2.2 PIC 方法

PIC 方法是一种粒子网格方法,PIC 方法将相空间分布接近的一群带电粒子视为一个宏粒子,每个宏粒子可以代表 $10^3 \sim 10^9$ 个真实粒子,并且荷质比与真实粒子的荷质比相等。宏粒子在连续空间运动,电磁场分布在离散空间。宏粒子运动和电磁场变化在时间上都是离散的,涉及对电磁场方程和粒子运动方程的离散求解问题。在直角或柱坐标系中,如果系统在其中一个方向均匀,则可采用 2.5 维(2D3V)PIC 方法进行求解,即只考虑带电粒子的 2 维位置和 3 维速度,以及 3 维电磁场。2D3V 的 PIC 方法只需对 2 维空间进行离散,简化了计算,减少了数值求解的计算量及内存使用量。PIC 方法的计算流程如图 2.1 所示。宏粒子分布在连续相空间,速度为 v_i,位置为 x_i。

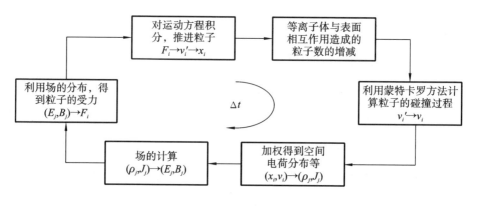

图 2.1 PIC 方法计算流程图

2.2.1　电荷分配方法

PIC/MCC 的计算流程为首先通过宏粒子的位置和速度分布,获得在网格点的电荷密度 ρ_j 和电流密度 J_j 分布。为获得电荷密度 ρ_j,PIC 方法需要将宏粒子的电荷分配到邻近的网格点。电荷分配具体过程为:将网格点附近的粒子通过权重函数 $S(z)$ 累积到网格点 z_g 处,从而可以获得网格点 z_g 处的电荷密度 $\rho(z_g)$[93]:

$$\rho(z_g) = \sum_p q_p S(z_g - z_p) \tag{2.1}$$

其中 q_p 是粒子的电荷量。权重函数 $S(z)$ 必须满足归一化条件来保证电荷守恒。

本书使用 CIC(cloud-in-cell)方法[94]来进行粒子电荷的分配。一维情况下的 CIC 方法如图 2.2 所示,长度为 Δx 的线段代表一个空间网格单元。

图 2.2　一维粒子电荷分配的权重方法

粒子的电荷将分配到前后两个网格点(g 和 $g+1$ 点)上,g 点权重函数 $S(x_g)$ 可表示为:

$$S(x_g) = \frac{x_{g+1} - x_p}{\Delta x} \tag{2.2}$$

$g+1$ 点处的权重函数按类似算法给出。

在二维笛卡儿坐标系下网格单元一般为矩形,如图 2.3(a)所示,x 和 y 方向上的网格单元长度分别为 Δx 和 Δy。p 点处的粒子电荷将通过权重函数分给四个相邻的网格点 A、B、C、D。其中 C 点的权重函数为:

$$S_C = \frac{(x_p - x_i)(y_{j+1} - y_p)}{\Delta x \cdot \Delta y} \tag{2.3}$$

A、B、D 点的权重函数也可用此方法获得。

在二维柱坐标系下,如图 2.3(b)所示,分别将径向和轴向区域划分成间隔为 Δr 和 Δz 的均匀网格,C 点的权重函数为:

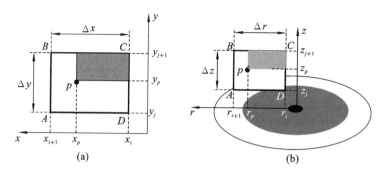

图 2.3　二维粒子电荷分配的权重方法

（a）笛卡儿坐标系；（b）柱坐标系

$$S_C = \frac{(r_p^2 - r_i^2)(z_{j+1} - z_p)}{(r_{i+1}^2 - r_i^2) \cdot \Delta z} \tag{2.4}$$

A、B、D 点的权重函数也可用此方法获得。

2.2.2　泊松方程

PIC 方法的基本方程为描述电磁场的麦克斯韦方程和描述带电粒子运动的牛顿-洛伦兹方程。麦克斯韦方程为：

$$\boldsymbol{\nabla} \times \boldsymbol{H} = \frac{\partial \boldsymbol{D}}{\partial t} + \boldsymbol{J} \tag{2.5}$$

$$\boldsymbol{\nabla} \times \boldsymbol{E} = -\frac{\partial \boldsymbol{B}}{\partial t} \tag{2.6}$$

$$\boldsymbol{\nabla} \cdot \boldsymbol{D} = \rho \tag{2.7}$$

$$\boldsymbol{\nabla} \cdot \boldsymbol{B} = 0 \tag{2.8}$$

其中，$\boldsymbol{E}$、$\boldsymbol{B}$、$\boldsymbol{H}$、$\boldsymbol{D}$、$\boldsymbol{J}$ 和 ρ 分别为电场强度、磁感应强度、磁场强度、电位移、电流密度和电荷密度，它们都是位置和时间的实变函数。电流密度 $\boldsymbol{J}$ 和电荷密度 ρ 之间遵循电流连续性方程：

$$\boldsymbol{\nabla} \cdot \boldsymbol{J} = -\frac{\partial \rho}{\partial t} \tag{2.9}$$

另外，在介质中，电磁场参量满足如下本构关系：

$$\boldsymbol{D} = \varepsilon_0 \varepsilon_r \boldsymbol{E} \tag{2.10}$$

$$B = \mu_0 \mu_r H \tag{2.11}$$

式中的 μ_r 和 ε_r 分别为介质的相对磁导率和相对介电常数。μ_0 和 ε_0 分别为真空的磁导率和介电常数。

由于在 RF-HCD 中放电腔室的半径一般不超过 40 cm,本书所采用的 RF-HCD 模型,空心阴极和接地阳极之间的电极间距不超过 2 cm,射频电源频率为 13.56 MHz,气压 p 不超过 2 Torr。在这样的参数下,放电腔室的尺寸要远小于电磁波的波长;同时射频放电中的电流很小,由电流产生的磁场可以忽略。因此本书将采用静电 PIC 模型对 RF-HCD 过程进行模拟。

在获得网格点上的电荷密度 ρ 之后,静电模型将通过求解泊松方程 $\mathbf{V}^2 \varphi = -\rho/\varepsilon_0$ 来获得网格点处电场的大小。即电磁场的微分方程简化为:

$$E = -\mathbf{V}\varphi \tag{2.12}$$

$$\mathbf{V}^2 \varphi = -\frac{\rho}{\varepsilon_0} \tag{2.13}$$

式(2.12)和式(2.13)通常利用有限差分方法求解。

在一维情况下,根据图 2.4 的网格示意,上述两式的离散计算格式为:

$$E_i = \frac{\varphi_{i-1} - \varphi_{i+1}}{2\Delta x} \tag{2.14}$$

$$\frac{\varphi_{i-1} - 2\varphi_i + \varphi_{i+1}}{(\Delta x)^2} = -\rho_i \tag{2.15}$$

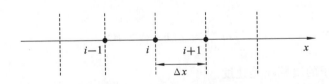

图 2.4　一维数值网格示意图

注:网格间隔 Δx 均匀。

在二维笛卡儿坐标系下,则为:

$$E_x = \frac{\varphi_{i-1,j} - \varphi_{i+1,j}}{2\Delta x} \tag{2.16}$$

$$E_y = \frac{\varphi_{i,j-1} - \varphi_{i,j+1}}{2\Delta y} \tag{2.17}$$

$$-\rho_{i,j} = \frac{\varphi_{i-1,j} - 2\varphi_{i,j} + \varphi_{i+1,j}}{(\Delta x)^2} + \frac{\varphi_{i,j-1} - 2\varphi_{i,j} + \varphi_{i,j+1}}{(\Delta y)^2} \tag{2.18}$$

式中,Δx 和 Δy 是两个方向上的网格间隔。

在二维柱坐标系下,则为:

$$E_r = \frac{\varphi_{i-1,j} - \varphi_{i+1,j}}{2\Delta r} \tag{2.19}$$

$$E_z = \frac{\varphi_{i,j-1} - \varphi_{i,j+1}}{2\Delta z} \tag{2.20}$$

$$-\rho_{i,j} = \frac{2r_{i+1/2}}{(\Delta r_i)^2 \Delta r_{i+1/2}}(\varphi_{i+1,j} - \varphi_{i,j}) + \frac{2r_{i-1/2}}{(\Delta r_i)^2 \Delta r_{i-1/2}}(\varphi_{i-1,j} - \varphi_{i,j}) \tag{2.21}$$

$$+ \frac{1}{\Delta z^2}(\varphi_{i,j+1} - 2\varphi_{i,j} + \varphi_{i,j-1})$$

$$-\rho_{0,j} = \frac{2r_{1/2}}{(\Delta r_0)^2} \frac{\varphi_{1,j} - \varphi_{0,j}}{\Delta r_{1/2}} + \frac{\varphi_{0,j+1} - 2\varphi_{0,j} + \varphi_{0,j-1}}{\Delta z^2} \tag{2.22}$$

式中,Δr 和 Δz 是两个方向上的网格间隔。

2.2.3 粒子推进

在电磁场的作用下,宏粒子会在空间中运动。在经典坐标系中,其运动由牛顿-洛伦兹方程描述:

$$\frac{\mathrm{d}\boldsymbol{x}}{\mathrm{d}t} = \boldsymbol{v}$$
$$m\frac{\mathrm{d}\boldsymbol{v}}{\mathrm{d}t} = q(\boldsymbol{E} + \boldsymbol{v} \times \boldsymbol{B}) \tag{2.23}$$

式中,m 是粒子的质量,$\boldsymbol{v}$ 是速度。

因为在本书中所采用的模型为静电模型,从而可以忽略式(2.23)中的磁感应强度 $\boldsymbol{B}$。式(2.23)简化为:

$$\frac{\mathrm{d}\boldsymbol{x}}{\mathrm{d}t} = \boldsymbol{v}$$
$$m\frac{\mathrm{d}\boldsymbol{v}}{\mathrm{d}t} = q\boldsymbol{E} = \boldsymbol{F} \tag{2.24}$$

式(2.24)中的 $\boldsymbol{F}$ 为粒子所受作用力。本书的粒子运动方程式(2.24)由标准的蛙跳算法来处理,图 2.5 为蛙跳算法示意图。

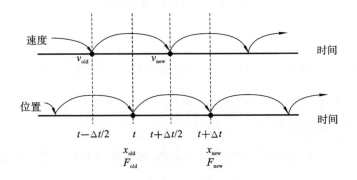

图 2.5　蛙跳算法示意图

其中式(2.24)可由有限差分方程来代替,即:

$$m \frac{\boldsymbol{v}_{\text{new}} - \boldsymbol{v}_{\text{old}}}{\Delta t} = \boldsymbol{F}_{\text{old}} \tag{2.25}$$

$$\frac{\boldsymbol{x}_{\text{new}} - \boldsymbol{x}_{\text{old}}}{\Delta t} = \boldsymbol{v}_{\text{new}} \tag{2.26}$$

一维情况下,利用蛙跳算法,可以将粒子的运动方程离散化为:

$$m \frac{v_z^{t+\Delta t/2} - v_z^{t-\Delta t/2}}{\Delta t} = qE^t$$

$$\frac{z^{t+\Delta t} - z^t}{\Delta t} = v_z^{t+\Delta t/2} \tag{2.27}$$

为推动网格内的粒子,需要用第 2.2.1 节中介绍的权重函数来获得粒子所在位置处的电场:

$$E(z_p) = \sum_p ES(z_g - z_p) \tag{2.28}$$

对于一维情况,可以将 z_p 处的电场写为:

$$E(z_p) = \left(\frac{z_{i+1} - z_p}{z_{i+1} - z_i} \right) E_i + \left(\frac{z_p - z_i}{z_{i+1} - z_i} \right) E_{i+1} \tag{2.29}$$

式中,z_{i+1} 和 z_i 分别为粒子左右两侧的网格点。

二维平板结构下的运动方程的离散化与电场差值类似于一维平板的方法。

2.3　MCC 模型

PIC 模型没有考虑粒子之间发生的碰撞,没有粒子之间的碰撞就无法维持放电。为此,本书在对气体放电现象进行数值模拟时,采用 PIC 方法耦合蒙特卡罗碰撞模块的 PIC/MCC 模型。

进行 PIC/MCC 模拟时,将粒子分为两类,即源粒子和靶粒子。靶粒子是被碰撞的粒子,它一般是气体成分中占很大比重的中性气体原子或分子。靶粒子在空间均匀分布,它的运动速度相对较慢,并符合麦克斯韦分布规律。而源粒子一般为运动速度较快的粒子,如成分上占较小比例却对放电起重要作用的带电粒子。假设源粒子的入射速度为 v,靶粒子密度为 $n_g(r)$,速度为 $\boldsymbol{V}$,则相对速度大小为 $g=|v-\boldsymbol{V}|$,则入射源粒子的碰撞频率 ϑ_{coll} 为:

$$\vartheta_{\text{coll}} = n_g(r)\sigma(\varepsilon)g \tag{2.30}$$

其中 $\sigma(\varepsilon)$ 为碰撞截面。在式(2.30)中,如果是计算电子与中性气体之间的碰撞频率,因为电子速度 v 远大于中性气体的速度 V,则可用 v 来代替 g 进行计算[95]。

假设第 i 个源粒子和靶粒子之间可发生 N 种碰撞,设第 j 种($j\in(1,N)$)碰撞的碰撞截面为 $\sigma_j(\varepsilon_i)$。那么,总碰撞截面为所有类型的碰撞截面之和[96,97]:

$$\sigma_{\text{T}}(\varepsilon_i) = \sigma_1(\varepsilon_i) + \sigma_2(\varepsilon_i) + \cdots + \sigma_{\text{N}}(\varepsilon_i) \tag{2.31}$$

那么第 i 个粒子在一个时间步长 Δt 内,经历碰撞的概率为:

$$P_i = 1 - \exp(-v_i \Delta t \sigma_{\text{T}}(\varepsilon_i) n_g(r)) \tag{2.32}$$

在每个 PIC 推进时间步长 Δt 内,对于每一个源粒子(以第 i 个源粒子为例),用随机数发生器产生一个 0 到 1 之间的随机数 R_1($0 \leqslant R_1 \leqslant 1$),如果 $R_1 \leqslant P_i$,则源、靶粒子一定发生一次碰撞;否则,不发生碰撞。由于在规定的时间步长 Δt 内,MCC 模型最多只处理一次碰撞,那在 Δt 内发生多次碰撞就会有一个误差 r。假设发生碰撞后,散射出去的电子的属性不发生变化,那在 Δt 内发生两次及以上的碰撞而产生的误差的总和为：

$$r \approx \sum_{k=2}^{\infty} P_i^k = \frac{P_i^2}{1-P_i} \tag{2.33}$$

若要满足 MCC 模型的要求（$r<0.01$），则时间步长 Δt 要满足 $v_i \Delta t \sigma_\mathrm{T}(\varepsilon_i) n_g(r)$ $\leqslant 0.1$。但是，如果在每个 Δt 内都要计算每个粒子的碰撞概率，会使计算量变得很大。如果源粒子共有 M 个，那在每个 Δt 内需要计算 M 次动能，$M \times N$ 次碰撞截面和 $M \times N$ 次碰撞概率。

为了避免在每个 Δt 内都进行大量的计算，PIC/MCC 引入了空碰撞（null collision）的概念[96]，引入一个不变的最大碰撞概率 $\vartheta_{\max}$：

$$\vartheta_{\max} = n_g \max(\sigma(\varepsilon) g) \tag{2.34}$$

式中，n_g 为背景气体密度；$\max(\cdots)$ 为取最大的函数值。这个最大碰撞概率与粒子的坐标及速度无关，在粒子推进计算之前便可以求得，极大地节省了计算时间。

在每个 Δt 内，采用空碰撞方法得到的最大碰撞概率为：

$$P_{\mathrm{null}} = 1 - \exp(-\vartheta_{\max} \Delta t) \tag{2.35}$$

假设模型中某种粒子的总数为 N_p，那在 Δt 内，这种粒子会和其他粒子发生碰撞的最大数目为：

$$N_{\mathrm{coll}} = N_p P_{\mathrm{null}} = N_p (1 - \exp(-\vartheta_{\max} \Delta t)) \tag{2.36}$$

随机抽取 N_{coll} 个粒子参与碰撞，一个新的随机数 $R_2 (0 \leqslant R_2 \leqslant 1)$ 会产生，来判断每个被抽中的粒子的碰撞类型：

$$R_2 < \frac{\vartheta_1(\varepsilon_i)}{\vartheta_{\max}} \quad \text{第一种碰撞类型}$$

$$\frac{\vartheta_1(\varepsilon_i)}{\vartheta_{\max}} \leqslant R_2 \leqslant \frac{\vartheta_1(\varepsilon_i) + \vartheta_2(\varepsilon_i)}{\vartheta_{\max}} \quad \text{第二种碰撞类型}$$

$$\cdots\cdots$$

$$\frac{\sum_{j=1}^{N} \vartheta_j(\varepsilon_i)}{\vartheta_{\max}} \leqslant R_2 \quad \text{空碰撞}$$

2.4 碰撞后速度的确定

发生碰撞后,需要考虑粒子的能量和速度[98]。因为在电容耦合放电中电离度低,因此碰撞过程是以带电粒子和中性粒子的碰撞为主,而带电粒子之间的碰撞和复合过程则可以忽略。

下面以电子的几种碰撞为例介绍碰撞后速度的确定。

对于电子与中性背景气体的弹性碰撞,假设在碰撞前,电子和气体分子的质量分别为 m 和 M,速度分别为 v 和 V,那相对速度大小 g 可表示为 $g = |v - V|$。假设碰撞之后电子和气体分子的速度分别为 v' 和 V',相对速度大小为 $g' = |v' - V'|$。先将粒子的速度变换到质心系中,然后再通过求解动量和能量守恒方程来获得碰撞之后的速度。两个粒子发生碰撞前后的速度方向之间有一定的偏转角度 θ,如图2.6 所示,一旦确定了这个角,就可以得到碰撞后的速度大小:

$$v' = v - \frac{M}{m+M}[g(1-\cos\theta) + h\sin\theta] \tag{2.37}$$

$$V' = V - \frac{m}{m+M}[g(1-\cos\theta) + h\sin\theta] \tag{2.38}$$

式中,h 为笛卡儿分量,可表示为:

$$h_x = g_\perp \cos\alpha \tag{2.39}$$

$$h_y = -\frac{g_x g_y \cos\alpha + g g_z \sin\alpha}{g_\perp} \tag{2.40}$$

$$h_z = -\frac{g_x g_z \cos\alpha + g g_y \sin\alpha}{g_\perp} \tag{2.41}$$

式中,$g = \sqrt{g_x^2 + g_y^2 + g_z^2}$,$g_\perp = \sqrt{g_y^2 + g_z^2}$,$\theta$ 是散射角,α 是方位角。方位角 α 是各向同性的,其值为:

$$\alpha = 2\pi R_3 \tag{2.42}$$

式中,R_3 是[0,1]之间均匀随机数。

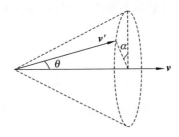

图 2.6　电子碰撞前后速度变化

注：v 是碰撞前的速度，v' 是碰撞后的速度。

根据微分散射截面可计算粒子散射到不同位置的概率，从而计算出散射角。在质心系中，碰撞后的粒子散射到某个角度的概率为：

$$P(V,\theta) = \frac{\sigma(g,\theta)}{\sigma(T)}\sin\theta \mathrm{d}\theta \mathrm{d}\alpha \tag{2.43}$$

式中，$\sigma(T)$ 是微分截面 $\sigma(g,\theta)$ 对立体角的积分：

$$\sigma(T) = \int_0^{4\pi} \sigma(g,\theta')\mathrm{d}\Omega = 2\pi\int_0^{\pi}\sigma(g,\theta')\sin\theta'\mathrm{d}\theta' \tag{2.44}$$

因此散射角 θ 的抽样方法是：

$$\frac{2\pi}{\sigma(T)}\int_0^{\theta}\sigma(g,\theta')\sin\theta'\mathrm{d}\theta' = R_3 \tag{2.45}$$

假设微分截面只是相对速度 g 的函数，而不是散射角 θ 的函数，则有 $\sigma(T) = 4\pi\sigma(g)$，代入式(2.45)可得各向同性的散射角：

$$\cos\theta = 1 - 2R_3 \tag{2.46}$$

在本模型中，可利用积分截面的拟合公式来得到电子的散射角[99]：

$$\cos\theta = \frac{2 + \varepsilon - 2(1+\varepsilon)^{R_3}}{\varepsilon} \tag{2.47}$$

式中，ε 为电子的能量。

对于电子与气体分子之间的激发碰撞，动量和能量的守恒等式变为：

$$mv' + MV' = mv + MV \tag{2.48}$$

$$\frac{1}{2}\mu(v'-V')^2 + E_{th} = \frac{1}{2}\mu(v-V)^2 \tag{2.49}$$

式中，$\mu = M \cdot m/(M+m)$ 为折合质量，E_{th} 为激发碰撞的能量阈值。对于电子与气体分子之间的碰撞，通常可忽略电子的质量和气体分子的速度，即 $M+m \approx M, g \approx v$。所以有：

$$v' = \sqrt{v^2 - \frac{2E_{th}}{m}} \tag{2.50}$$

在电子与气体分子之间发生电离碰撞时，能量守恒等式变为：

$$\frac{1}{2}mv^2 + \frac{1}{2}MV^2 = \frac{1}{2}mv'^2 + \frac{1}{2}MV'^2 + E_{th} \tag{2.51}$$

式中，E_{th} 为发生电离碰撞所需的最小能量。由于气体分子的质量要比电子质量大得多，所以在发生碰撞前后，气体分子的运动轨迹和速度不变，即 $\boldsymbol{V}' = \boldsymbol{V}$。故式 (2.51) 可简化为：

$$\frac{1}{2}mv^2 - E_{th} = \frac{1}{2}mv'^2 + \frac{1}{2}mv_{ej}'^2 \tag{2.52}$$

式 (2.52) 的左边为发生电离碰撞后，入射电子剩下的能量，将随机地分给发生过碰撞的电子 (E_{scat}) 和新电离出来的电子 (E_{ej})。

$$E_{scat} = \frac{1}{2}mv'^2 = R\Delta E \tag{2.53}$$

$$E_{ej} = \frac{1}{2}mv_{ej}'^2 = (1-R)\Delta E \tag{2.54}$$

由此可得：

$$v' = \sqrt{v^2 - \frac{2(E_{th} + E_{ej})}{m}} \tag{2.55}$$

2.5 结 构 模 型

2.5.1 模型描述

图 2.7 显示了在本书模拟中所使用的射频空心阴极放电结构。其中圆柱形空心电极的内径 D、孔深 h 和电极间距 d 可根据需要改变大小。空心电极接射频电

源,而半径为 $r=1.6$ cm 的平板电极接地。由于系统是轴对称的,因此采用圆柱坐标,并且计算区域只需考虑整个放电区域的一半(图 2.7 中的虚线区域),另一半区域的放电情况通过镜像得到。坐标原点$(Z=0,R=0)$位于空心电极的孔中心位置。背景气体是氩气。

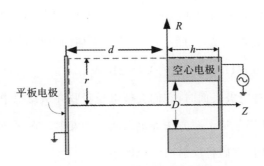

图 2.7　射频空心阴极放电结构示意图

模拟时只考虑两种带电粒子:电子和氩离子(Ar^+)。放电空间中的电子和氩离子的初始密度均为 10^6 cm^{-3},温度分别为 $T_e=2$ eV 和 $T_i=0.04$ eV。粒子的运动方程通过标准的蛙跳算法来计算,并在每个时间步 Δt 中,在均匀矩形网格上求解泊松方程。电子的时间步长 Δt 为$(1\sim3)\times10^{-13}$ s,氩离子的时间步长是电子的10 倍。模拟区域的网格为矩形网格,网格数设置为 $256(R)\times128(Z)$。在模拟中,每个宏粒子代表 5×10^4 个真实粒子,宏粒子的上限设为 5×10^5。

如第 2.4 节所述,在低气压电容耦合氩气放电中,一般只考虑带电粒子与中性粒子之间的碰撞。因此本模型中只考虑电子、氩离子与中性粒子的碰撞过程,而带电粒子之间的碰撞和复合过程被忽略。假定背景气体氩气的温度为 0.04 eV,并具有恒定的密度且满足麦克斯韦速率分布。对于电子和中性粒子的碰撞,在本模型中考虑弹性碰撞、激发碰撞和电离碰撞:

(1) e+Ar→e+Ar(弹性碰撞)

(2) e+Ar→e+Ar*(激发碰撞)

(3) e+Ar→2e+Ar$^+$(电离碰撞)

反应(1)至(3)的碰撞截面取自文献[100]。对于氩离子和中性粒子的碰撞,考虑弹性碰撞和电荷交换碰撞:

（4）$Ar + Ar^+ \rightarrow Ar + Ar^+$（弹性碰撞）

（5）$Ar^+ + Ar \rightarrow Ar + Ar^+$（电荷交换碰撞）

反应（4）至（5）的碰撞截面取自文献[101]。

泊松方程的边界条件设置如下：在 Z 轴（$R=0$）和顶部边界（位于两个电极之间），采用 Neumann 边界条件（$\partial\varphi/\partial R = 0$）。在电极上则使用 Dirichlet 边界条件，平板电极上的电压 φ 设置为 0，而空心阴极上施加的电压则为 $\varphi = V_0 \cos(2\pi f t)$。其中，频率 $f = 13.56$ MHz，电压幅值 $V_0 = 210$ V。

当带电粒子穿过电极表面时，它们会被电极吸收并从模拟中删除；如果氩离子轰击电极表面，则使用蒙特卡罗方法确定二次电子发射。在 Z 轴和顶部边界处，当带电粒子越过边界时，它们将反射回模拟区域。

2.5.2　代码验证

在执行射频空心阴极放电模拟之前，对代码进行了两次验证。在第一次测试中，将空心阴极替换为平板电极，从而形成典型的电容耦合等离子体（CCP）系统。为了将本书的模拟结果与参考文献[23]中的结果（图 2.8（b））进行对比，模拟中参数设置如下：电极间隙 d 为 2 cm，背景气体氩气的气压为 100 mTorr，RF 电压幅值和频率分别为 270 V 和 13.56 MHz，二次电子发射系数为 0。模型中使用的电子离子对为 6×10^4，每个宏粒子代表 5×10^5 个真实粒子。电子和离子最初均匀分布在模拟区域，温度分别为 $T_e = 2$ eV 和 $T_i = 0.03$ eV。图 2.8 显示了在放电稳定后获得的时间平均电子和离子密度，所得结果与文献[23]中的结果一致。

在第二次测试中，我们利用第 2.5.1 节所描述的模型，模拟了孔内的径向电势和径向电场的时空分布，并与其他文献中的结果进行比较。图 2.9 显示了在一个射频周期内，空心阴极内（$Z = 0.03$ cm）的径向电势和径向电场的时空分布。因为峰值电子密度出现在 $Z = 0.03$ cm 处，因此所有的径向分布均取 $Z = 0.03$ cm 处的值。在模拟中，一个射频周期 T 被分成了 4 个不同时刻：$1/4T$，$2/4T$，$3/4T$ 和 T。在 $t = 1/4T$ 时，施加到空心电极上的 RF 电压为 0；在 $t = 2/4T$ 时，空心电极上的 RF 电压为负峰值。将电场从最大值减小到最大值的 10% 以下的位置，作为孔内

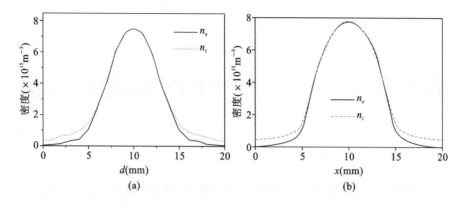

图 2.8   本书模拟结果与参考文献[23]结果对比

(a)本书模拟结果(平板电容耦合放电中沿 Z 轴($R=0$)的时间平均离子密度(n_i,虚线)

和电子密度(n_e,实线),两电极的半径 r 均为 16 mm);(b)参考文献[23]中的结果

径向鞘层边缘的位置[102];图 2.9(a)和(b)中的垂直虚线所示的位置即为 $t=2/4T$
时两侧壁的径向鞘层边缘位置。在 $t=2/4T$ 时,侧壁的径向鞘层厚度约为
0.41 cm,在此时刻,鞘层完全扩张[23]。从图 2.9(a)可以看出,体等离子体区中的
电势降相对较小。然而,在 $t=2/4T$ 时,在鞘层中有大的电势降。从图 2.9(b)可
知,在体等离子体区中,电场很弱,其值小于 0.08 kV/cm,因为体等离子体区几乎
是等电位的。但在鞘层中有相对较强的电场,且该电场会受 RF 电压调制;在 $t=$
$2/4T$ 时,鞘层区的径向电场要大于其他 RF 相位的径向电场。在一些其他的 RF-
HCD 模拟中,也观察到了类似的径向电势和径向电场分布[25,26]。

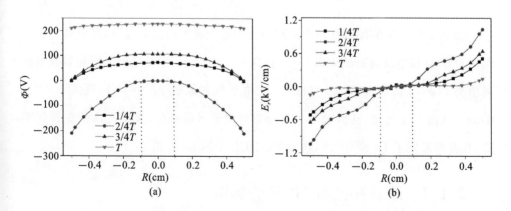

图 2.9   空心阴极内($Z=0.03$ cm)的径向电势和径向电场的时空分布

第3章 RF-HCD 中的空心阴极效应

空心阴极效应(HCE)是空心阴极放电(HCD)的一个重要特征。在传统的直流空心阴极放电(DC-HCD)中,发生 HCE 时,负辉区重叠,高能电子在空心阴极两侧壁之间振荡,进行着"钟摆运动",从而大大增加激发和电离,增加电子密度。而在 RF-HCD 中,电子在进行"钟摆运动"的同时,还要响应高频电场的周期性变化。因此,在 RF-HCD 中的 HCE 特性可能与 DC-HCD 有不同之处。我们将在本章研究 RF-HCD 中的 HCE 特性。

3.1 RF-HCD 中 HCE 的一般特性

3.1.1 存在 HCE 时的电子密度分布

图 3.1 所示为在 RF-HCD 中的周期平均电子密度的空间分布,其中空心电极的内直径 D 和电极间距 d 均为 1 cm,孔深 $h=1.5$ cm。空心电极上所加射频电压幅值为 210 V,频率为 13.56 MHz,二次电子发射系数 $\gamma_{Ar^+}=0.1$,气压 $p=0.7$ Torr。从图 3.1 可知,孔内轴中心处分布着电子密度峰值,表明孔内的负辉区重合,在孔内形成了 HCE[27,29,30],这与 DC-HCD 中的 HCE 相似。

3.1.2 改变孔径对 HCE 的影响

在研究孔径的变化对 HCE 的影响时,空心阴极的孔深 h 设置为 1.5 cm,电极

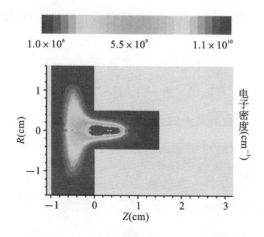

图 3.1　RF-HCD 中的周期平均电子密度的空间分布

间距 $d=1$ cm,孔径 D 在 4～20 mm 的范围内变化。空心阴极上所加射频电压幅值为 210 V,频率为 13.56 MHz,二次电子发射系数 $\gamma_{Ar^+}=0.1$。图 3.2 显示了孔径 D 为 4～20 mm 时的时间平均电子密度的空间分布。该分布是在放电稳定后,对十个 RF 周期内的分布进行平均。从图 3.2 可以看出,当 $D=4$ mm 时,等离子体主要分布在孔外,电子密度最低。随着 D 增加到 7 mm,孔口附近的电子密度显著增加,部分电子密度峰值分布在空腔中心,表明孔内形成了 HCE。进一步增加孔径 D,孔内的电子密度逐渐降低,表明孔内的 HCE 逐渐衰减。由于在 $D=7$ mm 时孔内 HCE 最强,因此在下文中,将选择孔径 $D=7$ mm 来研究一个 RF 周期内 HCE 的变化。

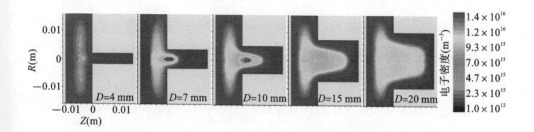

图 3.2　不同孔径下的时间平均电子密度

3.1.3　射频电压的周期性变化对 HCE 的影响

为了研究 RF-HCD 中的 HCE 特性,我们研究了在一个射频周期内射频电压的变化对放电的影响(见图 3.3)。在一个射频周期 T 内,在 $t=0$ 变化到 $t=0.5T$ 时,也即 $\omega t/(2\pi)$ 从 0 变化到 0.5 时,施加于空心电极上的射频电压从正峰值变化到负峰值,空心电极孔内的鞘层逐渐扩张;在 $t=0.5T$ 变化到 $t=T$ 时,也即 $\omega t/(2\pi)$ 从 0.5 变化到 1 时,施加于空心电极上的射频电压从负峰值变化到正峰值,空心电极孔内的鞘层逐渐塌缩。

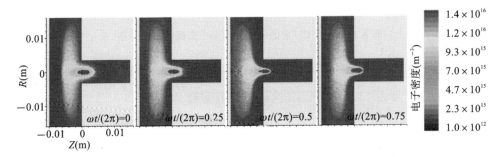

图 3.3　射频空心阴极放电中一个射频周期内电子密度的时空分布

从图 3.3 可以看出,即使在空心电极孔内鞘层完全塌缩时($\omega t/(2\pi)=0$),也有部分峰值电子密度位于空腔中心,这表明即使在空心电极孔内鞘层完全塌缩时,孔内也存在 HCE。在下文,我们将研究空心电极鞘层扩张和塌缩时鞘层动力学的变化。

3.1.3.1　空心电极鞘层扩张时的鞘层动力学

当 $\omega t/(2\pi)=0$ 时,施加于空心电极上的射频电压为正峰值 210 V;当 $\omega t/(2\pi)=0.5$ 时,施加于空心电极上的射频电压为负峰值 −210 V。在施加于空心电极上的射频电压从正峰值变化到负峰值的过程中,空心电极孔内鞘层逐渐扩张,而孔内的径向鞘层电场则单调增加,如图 3.4 所示。

图 3.5 显示了空心电极鞘层扩张时孔内的径向电场峰值和轴向电场峰值的变化。从图 3.5 可以看出,孔内的径向电场峰值从 $\omega t/(2\pi)=0$ 时的 0.2 kV/cm,增加到 $\omega t/(2\pi)=0.5$ 时的 1.1 kV/cm;孔内的轴向电场峰值从 $\omega t/(2\pi)=0$ 时的 0.05 kV/cm,增加到 $\omega t/(2\pi)=0.5$ 时的 0.75 kV/cm。

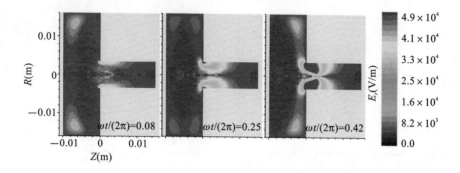

图 3.4　空心电极孔内鞘层扩张时不同时刻的径向电场的空间分布

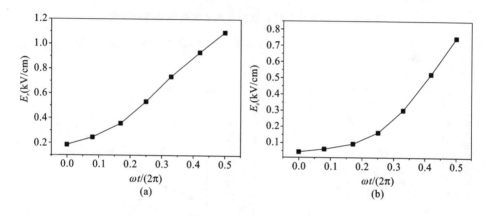

图 3.5　空心电极鞘层扩张时孔内的电场峰值变化

(a)径向电场峰值(Z=0.3 mm)的变化；(b)轴向电场峰值(R=0)的变化

在空心电极鞘层扩张时,孔内的径向鞘层电势降和轴向鞘层电势降单调增加,如图 3.6 所示。孔内的径向和轴向鞘层电势降从 $\omega t/(2\pi)=0$ 时的 19 V,增加到了 $\omega t/(2\pi)=0.5$ 时的 201 V 左右。

在空心电极鞘层扩张时,孔内的径向和轴向鞘层厚度单调增加,如图 3.7 所示。孔内的径向鞘层厚度从 $\omega t/(2\pi)=0$ 时的 1.75 mm,增加到了 $\omega t/(2\pi)=0.5$ 时的 3.38 mm。

在空心电极鞘层扩张时,孔内的径向体等离子体区宽度和等离子体在孔内深度单调减小,如图 3.8 所示。孔内的径向体等离子体区宽度从 $\omega t/(2\pi)=0$ 时的 3.5 mm减小到了 $\omega t/(2\pi)=0.5$ 时的 0.24 mm。

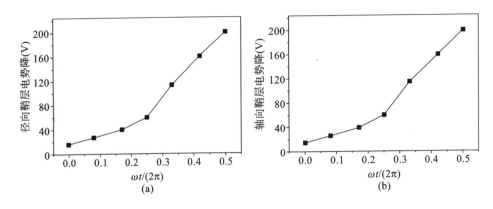

图 3.6 空心电极鞘层扩张时孔内的鞘层电势降的变化

(a)径向鞘层电势降($Z=0.3$ mm)的变化；(b)轴向鞘层电势降($R=0$)的变化

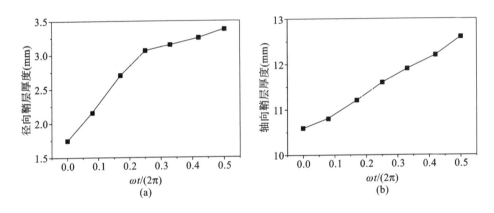

图 3.7 空心电极鞘层扩张时孔内的鞘层厚度的变化

(a)径向鞘层厚度($Z=0.3$ mm)的变化；(b)轴向鞘层厚度($R=0$)的变化

3.1.3.2 空心电极鞘层塌缩时的鞘层动力学

当 $\omega t/(2\pi)=0.5$ 时,施加于空心电极上的射频电压为负峰值-210 V,此时空心电极孔内鞘层完全扩张;当 $\omega t/(2\pi)=1$ 时,施加于空心电极上的射频电压为正峰值 210 V,此时空心电极孔内鞘层完全塌缩。图 3.9 显示了空心电极孔内鞘层塌缩时不同时刻($\omega t/(2\pi)=0.58$、0.75 和 0.92)的径向电场的空间分布,从图 3.9 可以看出,在空心电极孔内鞘层塌缩阶段,孔内的径向鞘层电场逐渐减小。

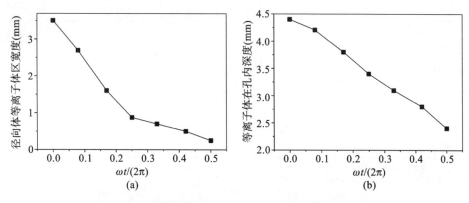

图 3.8　空心电极鞘层扩张时孔内的等离子体分布的变化

(a)径向体等离子体区宽度($Z=0.3$ mm)的变化；(b)等离子体在孔内深度($R=0$)的变化

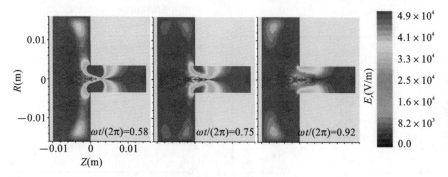

图 3.9　空心电极孔内鞘层塌缩时不同时刻($\omega t/(2\pi)=0.58$、0.75

和 0.92)的径向电场的空间分布

在空心电极孔内鞘层塌缩时,孔内的径向和轴向电场峰值单调减小,如图3.10所示。孔内的径向电场峰值 E_r 从 $\omega t/(2\pi)=0.5$ 时的 1.09 kV/cm,减小到 $\omega t/(2\pi)=1$ 时的 0.2 kV/cm;孔内的轴向电场峰值 E_z 则从 $\omega t/(2\pi)=0.5$ 时的 0.75 kV/cm,减小到 $\omega t/(2\pi)=1$ 时的 0.04 kV/cm。

在空心电极孔内鞘层塌缩时,孔内的径向和轴向鞘层电势降单调减小,如图 3.11 所示。孔内的径向和轴向鞘层电势降从 $\omega t/(2\pi)=0.5$ 时的 200 V,减小到了 $\omega t/(2\pi)=1$ 时的 18 V。

在空心电极孔内鞘层塌缩时,孔内的径向和轴向鞘层厚度单调减小,如图3.12所示,孔内的径向鞘层厚度从 $\omega t/(2\pi)=0.5$ 时的 3.38 mm,减小到 $\omega t/(2\pi)=1$ 时的 1.75 mm。

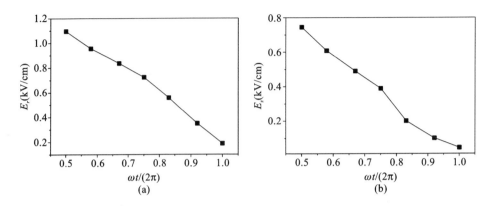

图 3.10　空心电极孔内鞘层塌缩时孔内的电场峰值的变化

(a)径向电场峰值($Z=0.3$ mm)的变化；(b)轴向电场峰值($R=0$)的变化

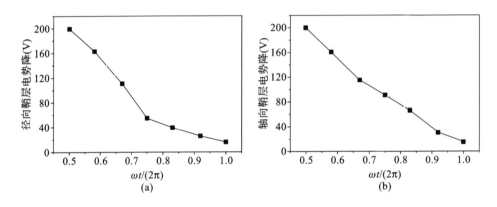

图 3.11　空心电极孔内鞘层塌缩时孔内的鞘层电势降的变化

(a)径向鞘层电势降($Z=0.3$ mm)的变化；(b)轴向鞘层电势降($R=0$)的变化

在空心电极孔内鞘层塌缩时，孔内的径向体等离子体区宽度和等离子体在孔内深度单调增加，如图 3.13 所示。孔内的径向体等离子体区宽度从 $\omega t/(2\pi)=0.5$ 时的 0.24 mm 增加到 $\omega t/(2\pi)=1$ 时的 3.50 mm。

3.1.4　RF-HCD 中 HCE 的变化规律

从以上结果可知，一个射频周期内电压的变化会导致孔内鞘层电场、鞘层电势降、鞘层厚度和径向体等离子体区宽度的变化。在直流空心阴极放电中，空心电极上的电压保持恒定，因此空腔中的电场和鞘层也保持不变，从而 HCE 的强度也保

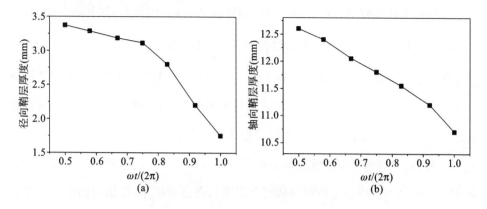

图 3.12 空心电极孔内鞘层塌缩时孔内的鞘层厚度的变化

(a)径向鞘层厚度($Z=0.3$ mm)的变化；(b)轴向鞘层厚度($R=0$)的变化

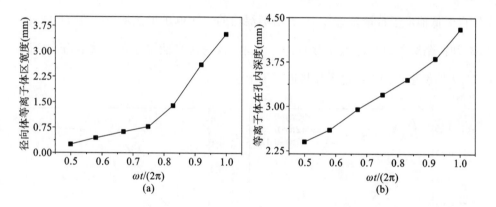

图 3.13 空心电极孔内鞘层塌缩时孔内的等离子体分布的变化

(a)径向体等离子体区宽度($Z=0.3$ mm)的变化；(b)等离子体在孔内深度($R=0$)的变化

持不变。在射频空心阴极放电中，电子的"钟摆运动"是在高频电场和鞘层的周期性变化的环境下进行的，因此 HCE 的强度在一个射频周期内发生变化。

在 RF-HCD 中，电子加热对于理解电子能量吸收的方式非常重要。二次电子加热和鞘层振荡加热是 RF-HCD 中的主要电子加热机制。二次电子加热是指从电极发射的二次电子在鞘层中加速，并在鞘层中获得高能量再进入等离子体中。而鞘层振荡加热是由电子和振荡的等离子体边界鞘层相互作用引起的无碰撞随机加热。空腔内电场和鞘层在一个 RF 周期内的变化会导致电子加热和 HCE 的变化，因为 HCE 是由电子加热维持的。在设置的模拟条件下，鞘层振荡加热和二次电子加热对于维持放电都很重要。下面将分析一个 RF 周期内 HCE 的变化。

3.1.4.1 空心电极鞘层扩张时的 HCE 变化规律

在空心电极鞘层扩张时（$\omega t/(2\pi)=0\sim0.5$），腔内的径向鞘层电场和电势降逐渐增加，在鞘层中加速的二次电子可以获得更多的能量，因此二次电子加热逐渐增强。EEDF 和平均电子能量的计算结果也可证实上述结论。

图 3.14(a)显示了空心电极鞘层扩张时孔内径向鞘层区域的 EEDF 变化。在 $\omega t/(2\pi)=0.08$ 时，空心电极鞘层从完全塌缩状态逐渐扩张，鞘层内的电子主要是能量范围为 $0\sim5$ eV 的低能电子，因此二次电子加热较弱。在 $\omega t/(2\pi)=0.25$ 时，鞘层内出现能量超过 15.76 eV（氩原子的第一电离能）的高能电子，而 $0\sim5$ eV 范围内的低能电子数量显著减少，表明鞘层内的二次电子加热增强。在 $\omega t/(2\pi)=0.42$ 时，鞘层内的高能电子数量进一步增加，一些高能电子的能量甚至达到 30 eV，表明鞘层内的二次电子加热进一步增强。

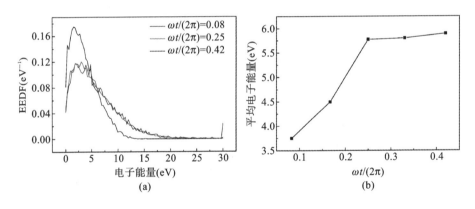

图 3.14 空心电极鞘层扩张时孔内径向鞘层区中 EEDF 和平均电子能量的变化

在空心电极鞘层扩张时，鞘层内的平均电子能量逐渐增加，如图 3.14(b)所示，这也进一步证明了在空心电极鞘层扩张时，鞘层内的二次电子加热逐渐增强。

当二次电子在鞘层中加速时，鞘层中会发生大量电离，产生大量子电子。这些在鞘层中加速的子电子也可以获得高能量并产生更多的子电子，形成电离雪崩。由于二次电子加热逐渐增强，鞘层中的电离雪崩也逐渐增强，从而产生更多的高能子电子。这些高能二次电子和子电子进入体等离子体区，并在空心电极的侧壁之间振荡("钟摆运动"),增强了 HCE。此外,随着腔内径向鞘层电场逐渐增加,腔内的鞘层振荡加热也逐渐增强,电子与振荡的等离子体边界鞘层相互作用时可以获得更多的能量,从而进一步增强 HCE。同时,在空心电极鞘层扩张时,由于腔内的径向体等离子体区宽度逐渐减小,高能电子进行"钟摆运动"的路径变得更短,电子"钟摆运动"的频率将变得更高,这也可以逐渐增强 HCE。因此,在空心电极鞘层扩张时,孔内的 HCE 逐渐增强。

图 3.15(a)显示了在空心电极鞘层扩张时,孔内径向体等离子体区中的 EEDF 的变化,这也可以证实在空心电极鞘层扩张时,HCE 逐渐增强。在 $\omega t/(2\pi)=0.08$ 时,能量超过 15.76 eV 的电子数量很少,因此 HCE 较弱。在 $\omega t/(2\pi)=0.25$ 时,能量超过 15.76 eV 的高能电子数量增加,一些电子的能量达到 20 eV,表明 HCE 增强。在 $\omega t/(2\pi)=0.42$ 时,能量超过 15.76 eV 的高能电子数量进一步增加,一些高能电子的能量甚至达到 30 eV,表明 HCE 进一步增强。图 3.15(b)显示了在空心电极鞘层扩张时,孔内径向体等离子体区中的平均电子能量的变化。从图 3.15(b)可以看出,在空心电极鞘层扩张时,孔内体等离子体区中的平均电子能量逐渐增加,这也能进一步证明孔内的 HCE 逐渐增强。

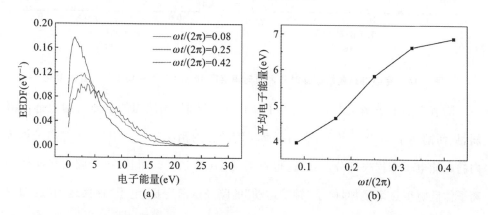

图 3.15　空心电极鞘层扩张时孔内径向体等离子体区中 EEDF 和平均电子能量的变化

在空心电极鞘层扩张时,由于等离子体在孔内深度单调减小,因此能发生 HCE 的有效面积单调减小。

3.1.4.2 空心电极鞘层塌缩时的 HCE 变化规律

在空心电极鞘层塌缩时($\omega t/(2\pi)=0.5\sim1$),腔内的鞘层电场和鞘层电势降逐渐减小,因此二次电子加热逐渐减弱,这也可以通过 EEDF 和平均电子能量的计算结果来证实。

图 3.16(a)显示了空心电极鞘层塌缩时孔内径向鞘层区域的 EEDF 变化。从图 3.16(a)中可以看出,在空心电极鞘层塌缩时,鞘层内能量超过 15.76 eV 的高能电子的数量逐渐减少,表明鞘层内的二次电子加热逐渐减弱。图 3.16(b)显示了空心电极鞘层塌缩时孔内径向鞘层区域的平均电子能量的变化。从图 3.16(b)中可以看出,孔内鞘层区的平均电子能量逐渐降低,这也可以进一步证明在空心电极鞘层塌缩时,孔内的二次电子加热逐渐减弱。

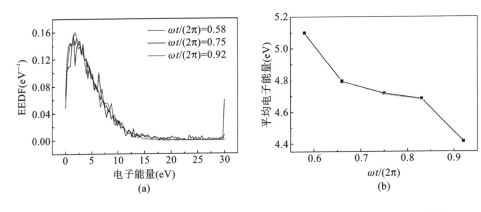

图 3.16 空心电极鞘层塌缩时孔内径向鞘层区中 EEDF 和平均电子能量的变化

随着空心电极鞘层内的二次电子加热逐渐减弱,鞘层内的电离雪崩也逐渐减弱,从而削弱了 HCE。此外,当与逐渐塌缩的孔内鞘层相互作用时,体等离子体区内的高能电子会损失部分能量,这也将削弱 HCE 强度。而且,由于腔内径向体等离子体区宽度逐渐增加,电子"钟摆运动"的路径逐渐变长,电子"钟摆运动"的频率逐渐降低,这也将进一步削弱 HCE 强度。因此,在空心电极鞘层塌缩时,孔内的 HCE 逐渐减弱。尤其当施加于空心电极上的射频电压为正峰值时,孔内鞘层完全塌缩,孔内的电场和鞘层厚度都达到最小值。在这种情形下,由于惯性,可能有部分高能电子会越过鞘层到达空心电极内壁而损失掉。因此,在空心电极鞘层完全塌缩时,HCE 最弱。而在空心电极鞘层塌缩时,由于等离子体在孔内深度单调增加,因此发生 HCE 的有效面积单调增加。

图 3.17(a)显示了在空心电极鞘层塌缩时,孔内径向体等离子体区中的 EEDF 变化,这也可以证实在空心电极鞘层塌缩时,孔内的 HCE 强度逐渐减弱。如图 3.17(a)所示,在空心电极鞘层塌缩时,孔内径向体等离子体区中能量超过 15.76 eV 的高能电子数量逐渐减少,表明孔内的 HCE 强度逐渐减弱。图 3.17(b)显示了在空心电极鞘层塌缩时,孔内径向体等离子体区中的平均电子能量的变化。从图 3.17(b)可以看出,在空心电极鞘层塌缩时,孔内径向体等离子体区中的平均电子能量逐渐降低,这也进一步证明了在空心电极鞘层塌缩时,孔内的 HCE 逐渐减弱。

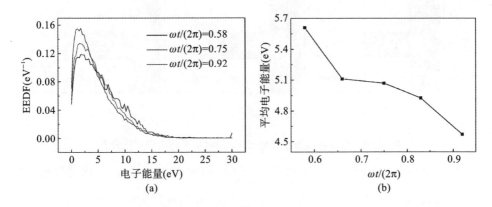

图 3.17 空心电极鞘层塌缩时孔内径向体等离子体区中 EEDF 和平均电子能量的变化

3.2 HCE 的影响因素

3.2.1 电压对 HCE 的影响

在研究电压变化对 HCE 的影响时,图 2.7 所示的结构参数设置如下:空心电极的内直径 D 和电极间距 d 均为 1 cm,孔深 h 为 1.5 cm。空心电极上所加射频电压幅值在 150~210 V 变化,频率为 13.56 MHz,背景气体氩气的气压为 1 Torr,二

次电子发射系数 $\gamma_{Ar^+} = 0.1$，圆柱形空心电极的高度设置为 3.2 cm。

当在空心电极上施加的电压幅值从 150 V 增加到 210 V 时，电子密度也随之增加，如图 3.18 所示。所有电子密度的图像均是在放电稳定后，一个 RF 周期内的平均电子密度分布。在不同电压下，孔内的中心轴处都有电子密度峰值，说明孔内形成了 HCE[26]。在 $V_0 = 150$ V 时，图 3.18 所示的矩形框内的电子密度低于设置的初始电子密度（$1.0 \times 10^6 \ cm^{-3}$），这说明在电压幅值较小时，孔外的放电只集中在孔口附近，放电极不均匀。

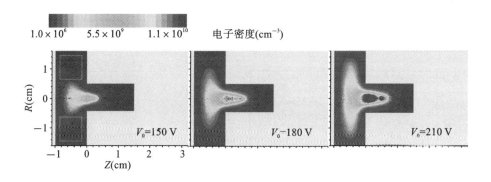

图 3.18 空心电极加不同电压 V_0 的时间平均电子密度分布

当在空心电极上施加的电压幅值从 150 V 增加到 210 V 时，孔内的径向电场也随之增加，如图 3.19 所示。在 $V_0 = 150$ V 时，孔内有较大的径向和轴向鞘层厚度，因此在空心电极孔内的体等离子体区的体积较小。随着 V_0 增加到 180 V，孔内的径向和轴向鞘层厚度减小，因此在孔内有较大体积的体等离子体区。

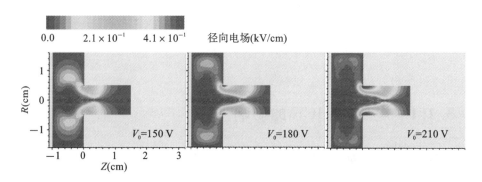

图 3.19 空心电极施加不同电压时的时间平均径向电场的空间分布

当在空心电极上施加的电压幅值从 150 V 增加到 210 V 时,孔内的轴向电场也随之增加,如图 3.20 所示。且随着电压的增加,孔内的轴向电场峰值逐渐向孔底移动。

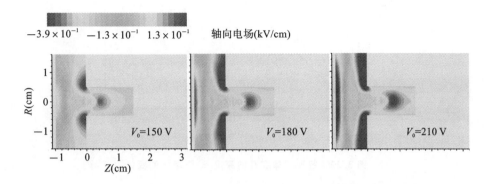

图 3.20　空心电极施加不同电压时的时间平均轴向电场的空间分布

不同电压下孔内径向鞘层电势降 ϕ_r 的轴向分布如图 3.21 所示。从图 3.21 可知,径向鞘层电势降随着空心电极上所加电压 V_0 的增加而增加。在 V_0 为 150 V 时,孔内的径向鞘层电势降约为 68 V;当 V_0 增加到 210 V 时,孔内的径向鞘层电势降达到了约 100 V。

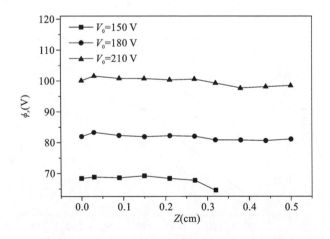

图 3.21　空心电极施加不同电压时孔内的时间平均径向鞘层电势降的轴向分布

等离子体在孔内深度 h_p 随着空心电极上所加电压的增加而增加,如图 3.22 所示。

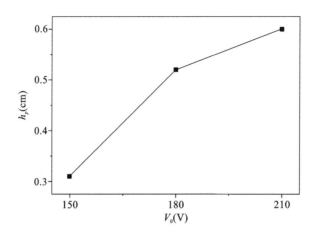

图 3.22　等离子体在孔内深度 h_p 随电压的变化

图 3.23 所示为孔内的时间平均径向体等离子体区宽度 W_r 随射频电压的变化。从图 3.23 可知，随着射频电压的增加，孔内的径向体等离子体区宽度也随之增加，从 $V_0 = 150$ V 时的 0.23 cm，增加到了 $V_0 = 210$ V 时的 0.43 cm。在第3.2.6节将讲述，在气压为 1 Torr 时，发生 HCE 的最优径向体等离子体区宽度为 0.1 cm 左右。因此，在本节的模拟条件下，孔内的径向体等离子体区宽度对 HCE 的减弱作用更强。

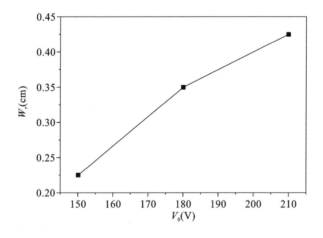

3.23　孔内的时间平均径向体等离子体区宽度 W_r 随射频电压的变化（$Z = 0.03$ cm）

在研究电子加热机制时，装置的孔深 h 为 0.5 cm，其他放电参数保持不变，图 3.24 给出了在不同的二次电子发射系数下的时间平均电子密度分布。从图 3.24

可知，γ_{Ar^+} ＝0 的动力学模型与 γ_{Ar^+} ＝0.1 相同，只是在 γ_{Ar^+} ＝0 时，二次电子发射系数为零。当 γ_{Ar^+} ＝0 时，峰值电子密度超过 $4.0\times10^9\ \mathrm{cm}^{-3}$，该结果表明，在没有二次电子发射的情况下，可以维持放电。在这种情况下，电子加热机制主要为鞘层振荡加热[24,26]。从 γ_{Ar^+} ＝0 到 γ_{Ar^+} ＝0.1，电子密度增加，这是由于二次电子加热引起的 HCE 增强[27]。因此，在 γ_{Ar^+} ＝0.1 时，鞘层振荡加热和二次电子加热对于维持放电都很重要。

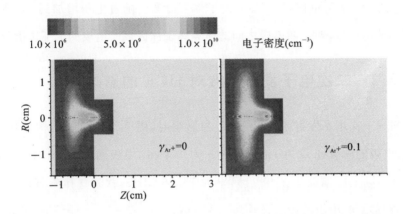

图 3.24　二次电子系数分别为 γ_{Ar^+} ＝0 和 γ_{Ar^+} ＝0.1 的时间平均电子密度分布

根据上述模拟结果，在空心电极上施加的射频电压变化对 HCE 的影响分析如下。

当射频电压增加，孔内的鞘层电势降随之增加（见图 3.21），从空心电极侧壁和底部发射的二次电子在鞘层电场中会获得更高的能量，二次电子加热增强。这些高能二次电子将参与"钟摆运动"并增强 HCE。而增强的 HCE 意味着将产生更多的电子和离子，将会有更多的离子轰击空心电极，发射出更多的二次电子。因此，增强的 HCE 又将增强二次电子加热。由于 HCE 增强导致的二次电子加热的增强，将导致有更多的高能电子的产生，这些高能电子将与振荡鞘层相互作用，从而增强鞘层振荡加热。此外，随着电压的增加，孔内的径向和轴向电场也增加，将进一步增大鞘层振荡加热。而鞘层振荡加热的增强，意味着高能电子能获得更多能量，也将增强 HCE。也就是说，增强的 HCE 会增强二次电子加热和鞘层振荡加热，而增强的二次电子加热和鞘层振荡加热也将增强 HCE，即 HCE 和电子加热

(本书指二次电子加热和鞘层振荡加热)是相互促进的关系。最终,在电子加热的促进下,HCE 将得到较大增强,这将大大增加电子密度。因此,即使在本节的模拟条件下,孔内的径向体等离子体区宽度对 HCE 的阻碍作用更强。但最终的结果是随着射频电压的增加,HCE 增强。同时,随着 HCE 的增加,激发和电离大大增强,电子密度也随着射频电压的增加而增大,如图 3.18 所示。并且随着射频电压增加到 180 V,空心电极的平面部分和接地电极之间能发生放电,因此在图 3.18 中 V_0 =150 V 所示的矩形框内,也有体等离子体区分布。随着电压增加到 210 V,两电极之间的放电区域增大,两电极之间的体等离子体区也向电极的上下边沿延伸。

3.2.2 二次电子发射系数对 HCE 的影响

在研究二次电子发射系数对 HCE 的影响时,图 2.7 所示的结构参数设置如下:空心电极的内直径 D 为 1 cm,孔深 h 为 0.5 cm,电极间距 d 为 1 cm。空心电极上所加射频电压幅值为 210 V,频率为 13.56 MHz,背景气体氩气的气压为 1 Torr,圆柱形空心电极的高度设置为 0.55 cm。

不同 γ_{Ar^+} 下的时间平均电子密度分布如图 3.25 所示。在 γ_{Ar^+} =0.1 和 γ_{Ar^+} =0.2 时,孔内中心轴附近有电子密度峰值,表明此时已在孔内形成了 HCE。在 γ_{Ar^+} =0 时,两电极之间的等离子体主要位于孔口和接地电极之间。而随着 γ_{Ar^+} 的增加,两电极之间的放电区域增大,两电极之间的体等离子体区向电极的上下边沿延伸,孔外电子密度的径向分布变得更加均匀。

随着二次电子发射系数 γ_{Ar^+} 的增加,时间平均径向电场单调增加,如图 3.26 所示。由于在 γ_{Ar^+} =0 时,空心电极的平面部分和接地电极之间有部分区域不能形成放电,因此在两电极之间的上下两侧有高达 0.083 kV/cm 的径向电场分布。

随着二次电子发射系数 γ_{Ar^+} 的增加,时间平均轴向电场单调增加,如图 3.27 所示。从轴向电场的分布也可以看出,随着 γ_{Ar^+} 的增加,等离子体在孔内的深度也逐渐增加。

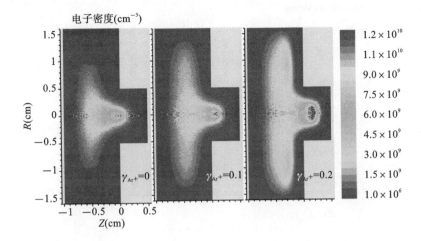

图 3.25　不同二次电子发射系数 γ_{Ar^+} 下的时间平均电子密度分布

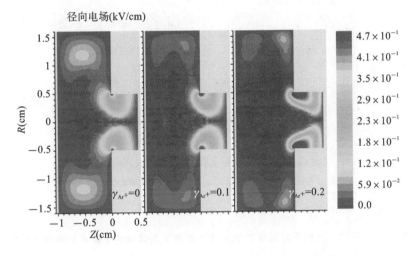

图 3.26　不同二次电子发射系数 γ_{Ar^+} 下的时间平均径向电场的空间分布

随着 γ_{Ar^+} 的增加，时间平均体等离子体电势单调增加，如图 3.28 所示。在 $\gamma_{Ar^+}=0$ 时，体等离子体电势约为 92 V；而在 $\gamma_{Ar^+}=0.2$ 时，体等离子体电势达到了 115.4 V。

二次电子发射系数 γ_{Ar^+} 为 0、0.1 和 0.2 时，空心电极孔内的时间平均轴向鞘层厚度 L_z 分别为 0.5 cm、0.38 cm 和 0.26 cm，如图 3.29 所示。孔内的轴向鞘层厚度几乎随着 γ_{Ar^+} 的增加而线性减小，从而使得电子密度峰值随着 γ_{Ar^+} 的增大而朝孔底移动，如图 3.25 所示。由于在 $\gamma_{Ar^+}=0$ 时，孔内的轴向鞘层厚度等于孔的

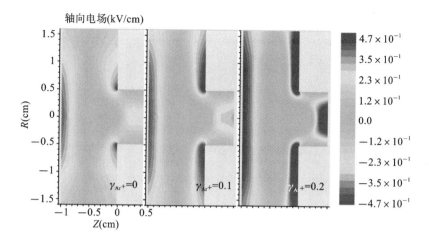

图 3.27 不同二次电子发射系数 γ_{Ar^+} 下的时间平均轴向电场的空间分布

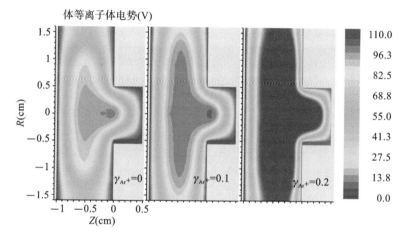

图 3.28 不同二次电子发射系数 γ_{Ar^+} 下的时间平均体等离子体电势的空间分布

深度,因此空心电极孔内空间完全被鞘层占据。而在 $\gamma_{Ar^+} = 0.2$ 时,孔内的轴向鞘层厚度最小,因此等离子体在孔内的深度最大。

图 3.30 所示为孔内的时间平均径向体等离子体区宽度 W_r 随二次电子发射系数 γ_{Ar^+} 的变化。从图 3.30 可知,随着 γ_{Ar^+} 的增加,孔内的径向体等离子体区宽度也随之增加,从 $\gamma_{Ar^+} = 0$ 时的 0.08 cm,增加到 $\gamma_{Ar^+} = 0.2$ 时的 0.42 cm。而在第 3.2.6 节将讲述,在气压为 1 Torr 时,发生 HCE 的最优径向体等离子体区宽度为 0.1 cm 左右。因此在本节的模拟条件下,径向体等离子体区宽度对 HCE 的阻碍作用更强。

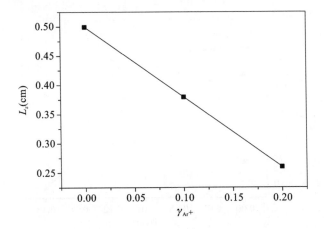

图 3.29 空心电极孔内的时间平均轴向鞘层厚度 L_z 随 γ_{Ar^+} 的变化

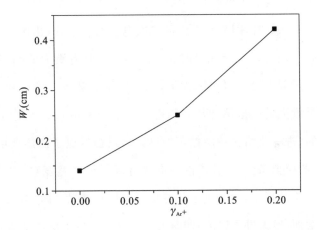

图 3.30 孔内的时间平均径向体等离子体区宽度 W_r 随 γ_{Ar^+} 的变化($Z=0.03$ cm)

二次电子发射系数 γ_{Ar^+} 分别为 0.1 和 0.2 时孔内的时间平均径向鞘层电势降 ϕ_r 的轴向分布如图 3.31 所示。从图 3.31 可知,在 $\gamma_{Ar^+}=0.2$ 时,孔内的径向鞘层电势降约为 113 V;在 $\gamma_{Ar^+}=0.1$ 时,孔内的径向鞘层电势降约为 96 V,小于 $\gamma_{Ar^+}=0.2$ 时的值。

由图 3.25 可知,在 $\gamma_{Ar^+}=0$ 时,电子密度峰值最小,且分布在孔外。这是由于孔内的径向和轴向鞘层占据了整个孔内空间,孔内几乎没法形成 HCE,此时主要是通过鞘层振荡加热来维持放电,因此电子密度最低。随着 γ_{Ar^+} 的增加,孔内的轴向鞘层厚度逐渐减小,如图 3.29 所示。此时,在孔内存在体等离子体区,HCE 可

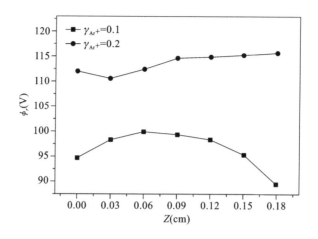

图 3.31 不同二次电子发射系数下孔内的时间平均径向鞘层电势降 ϕ_r 的轴向分布

以形成。在 $\gamma_{Ar^+}=0.2$ 时,因为有更大的二次电子发射系数,相比 $\gamma_{Ar^+}=0.1$,二次电子加热会增强。同时,$\gamma_{Ar^+}=0.2$ 时比 $\gamma_{Ar^+}=0.1$ 时有更大的鞘层电势降,二次电子在鞘层加速过程中会获得更高能量,二次电子加热进一步增强。而增强的二次电子加热也会增强鞘层振荡加热。随着二次电子发射系数的增加,孔内径向和轴向电场也增加,进一步增大鞘层振荡加热。而增强的电子加热会增强 HCE。因此,即使在本节的模拟条件下,孔内的径向体等离子体区宽度对 HCE 的阻碍作用更强。但随着 γ_{Ar^+} 的增加,由于电子加热增强,HCE 增强。而 HCE 的增强会导致激发和电离的增加,增大电子密度;同时等离子体在孔内的深度随着 γ_{Ar^+} 的增加而增大,这也会增加电子密度。最终,随着 γ_{Ar^+} 的增加,电子密度增大。

3.2.3 外加偏压对 HCE 的影响

在研究空心电极上外加直流偏压 V_{dc} 对 HCE 的影响时,图 2.7 所示的结构参数设置如下:孔的内直径 D 为 1 cm,孔深 h 为 0.5 cm,电极间距 d 为 0.7 cm。空心电极上所加射频电压幅值为 210 V,频率为 13.56 MHz,背景气体氩气的气压为 1 Torr,二次电子发射系数 $\gamma_{Ar^+}=0.1$,在空心电极上所加的直流偏压 V_{dc} 在 $-40\sim-80$ V 变化,圆柱形空心电极的高度设置为 0.55 cm。

图 3.32 所示为在空心电极上施加不同直流偏压 V_{dc} 时的时间平均电子密度的空间分布。由图 3.32 可知,孔内中心轴附近有电子密度峰值,表明此时在孔内形成了 HCE。且随着 V_{dc} 的增加,孔内的电子密度增加。当 $V_{dc} = -80$ V 时,孔内电子密度的峰值约为 3.2×10^{10} cm^{-3},约为空心电极上不加 V_{dc} 时的 4 倍。并且随着 V_{dc} 的增加,电子密度峰值也逐渐向孔底移动。在 V_{dc} 为 $-50 \sim -80$ V 时,电子密度峰值已完全移至孔内。且随着 V_{dc} 的增加,空心电极的平面部分和接地电极之间能放电的区域增加。因此,在图 3.32 所示的虚线矩形框内也开始存在体等离子体区,并且两电极之间的体等离子体区随着 V_{dc} 的增加而向电极的上下边沿延伸。

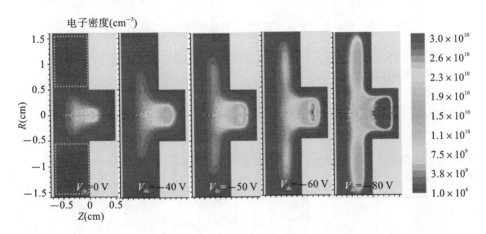

图 3.32　空心电极施加不同 V_{dc} 的时间平均电子密度的空间分布

图 3.33 所示为在空心电极上施加不同 V_{dc} 时的时间平均径向电场分布。由图 3.33 可知,随着 V_{dc} 的增加,孔内的径向电场增加。

图 3.34 所示为在空心电极上施加不同 V_{dc} 的时间平均轴向电场分布。从图 3.34 可知,随着 V_{dc} 的增加,孔内的轴向电场增强。随着 V_{dc} 的增加,图 3.34 所示的矩形区域两侧的轴向电场峰值也逐渐向电极的上下边沿延伸并且增强,因此,空心电极的平面部分和接地电极之间的放电增强。从而,在 $V_{dc} = -80$ V 时,矩形区域中的等离子体密度也高达 1.6×10^{10} cm^{-3}。

在空心电极上施加不同的直流偏压 V_{dc} 时孔内的时间平均径向鞘层厚度 L_r 的轴向分布如图 3.35(a)所示。随着 V_{dc} 的增加,在孔内相同的轴向位置,径向鞘层

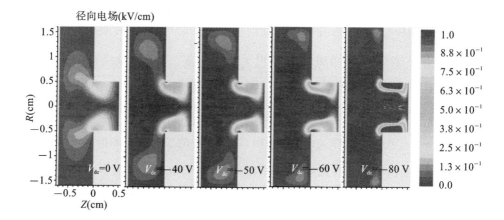

图 3.33　空心电极施加不同 V_{dc} 的时间平均径向电场的空间分布

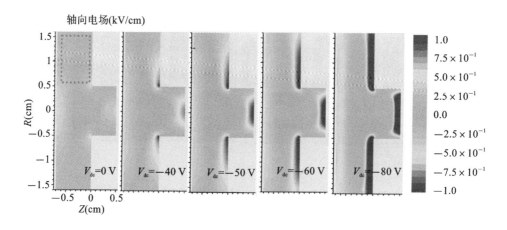

图 3.34　空心电极施加不同负直流偏压 V_{dc} 时的时间平均轴向电场分布

厚度单调减小。因此,在孔内相同的轴向位置,孔内的径向体等离子体区宽度 W_r 随着 V_{dc} 的增加而增加,如图 3.35(b)所示。

　　图 3.36 所示为在不同 V_{dc} 下孔内的时间平均径向鞘层电势降 ϕ_r 的轴向分布,随着直流偏压 V_{dc} 的增加,孔内的径向鞘层电势降增加。

　　图 3.37 所示为等离子体在孔内的深度 h_p 随 V_{dc} 的变化曲线,等离子体在孔内的深度随 V_{dc} 的增加而增加,从而使得电子密度峰值随着 V_{dc} 的增加而向孔底方向移动,如图 3.32 所示。

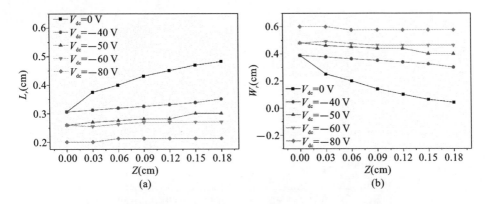

图 3.35　空心电极施加不同 V_{dc} 时孔内的时间平均径向鞘层厚度 L_r

的轴向分布和径向体等离子体区宽度 W_r 的轴向分布

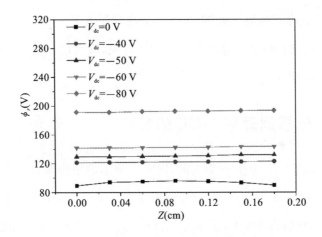

图 3.36　空心电极施加不同 V_{dc} 时孔内的时间平均径向鞘层电势降 ϕ_r 的轴向分布

在之后的第 3.2.6 节将会讲到,HCE 还和孔内的径向体等离子体区宽度相关。在气压为 1 Torr 时,HCE 最强时的径向体等离子体区宽度为 0.1 cm 左右。随着 V_{dc} 从 0 V 增加到 -80 V,孔内的径向体等离子体区宽度从 0.2 cm 左右增加到 0.6 cm 左右,如图 3.35(b) 所示。即在本节的放电条件下,随着 V_{dc} 的增加,孔内的径向体等离子体区宽度的增加对 HCE 的阻碍作用更强。然而,当 V_{dc} 增加,孔内的径向鞘层电势降也随之增加(见图 3.36),从空心电极侧壁和底部发射的二次电子将会获得更高的能量,二次电子加热增强。同时,随着 V_{dc} 的增加,孔内的径向和轴向电场也增加,鞘层振荡加热也增强。增强的电子加热会增强 HCE,而增强

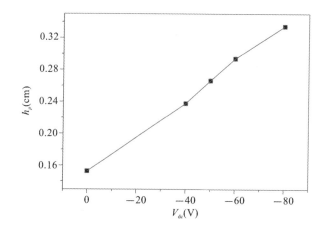

图 3.37 等离子体在孔内的深度 h_p 随 V_{dc} 的变化

的 HCE 也会增强电子加热。最终,在电子加热的促进下,HCE 随外加 V_{dc} 的增加而增强。HCE 的增强也会导致激发和电离的增强,增大电子密度。因此随着 V_{dc} 的增加,电子密度增加。

3.2.4 电极间距对 HCE 的影响

在研究电极间距对 HCE 的影响时,图 2.7 所示的结构参数设置如下:孔的内直径 D 为 1 cm,孔深 h 为 0.5 cm,电极间距 d 在 0.4～1.2 cm 之间变化,空心电极上所加射频电压幅值为 210 V,频率为 13.56 MHz,二次电子发射系数 $\gamma_{Ar^+}=0.1$,背景气体氩气的气压为 1 Torr,圆柱形空心电极的高度设置为 0.55 cm。

不同电极间距下时间平均电子密度的空间分布如图 3.38(a)所示。在电极间距 d 为 0.4 cm 时,等离子体主要分布在孔的外部,并且电子密度具有最小值。随着 d 增加到 0.6 cm,电子密度增加。当 d 增加到 0.7 cm 时,在空心电极孔内有较大体积的等离子体,同时孔内的中心轴位置有电子密度峰值,这表明形成了 HCE。当 d 增加到 1 cm 时,电子密度峰值降低,如图 3.38(b)所示。然而,当 d 增加到 1.2 cm时,电子密度峰值增加,且高于 $d=0.7$ cm 时的值。在较小的电极间距时,在图 3.38(a)中虚线矩形框所示区域内的电子密度低于模拟设置的初始密度(10^6 cm^{-3}),这表明电极间隙 d 太小以至于不能在那里形成放电。在 $d=1.2$ cm 时,孔外可获得密度高达 5×10^9 cm^{-3} 的大面积等离子体,这也比在相同的工作条件下通过平行板结构放电产生的电子密度高。结果表明,在较大的电极间距时,在空心电极孔与接地电极之间产生的等离子体可以增加整个放电空间中的等离子体密度。

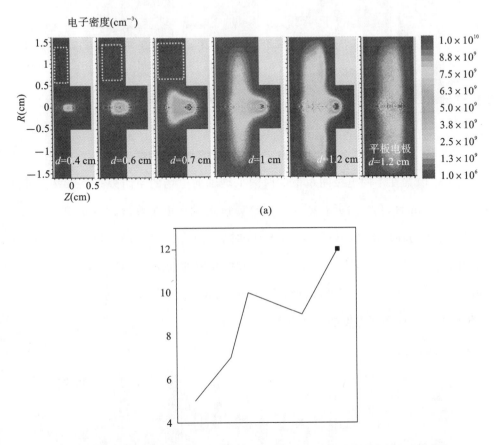

图 3.38　不同电极间距下的时间平均电子密度的空间分布和电子密度峰值

不同电极间距下的时间平均径向电场的空间分布如图 3.39 所示。随着 d 的增加,电场峰值也增加。在 $d = 0.4 \sim 0.7$ cm 时,在放电中产生的带电粒子不会进入图 3.38 中虚线矩形框所示的区域,因此,在孔的外部形成了径向电场,如图 3.39 所示。在 $d = 0.4$ cm 时,在放电空间几乎不存在体等离子体区,因此电子密度低而且电子密度峰值分布的范围很小,如图 3.30 所示。随着 d 增加到 0.6 cm,体等离子体区会略微扩展。d 进一步增大到 0.7 cm 时,体等离子体区显著扩展。与 $d = 0.4 \sim 0.6$ cm 相比,$d = 0.7 \sim 1.2$ cm 时孔内有较大体积的体等离子体区。

径向电场(kV/cm)

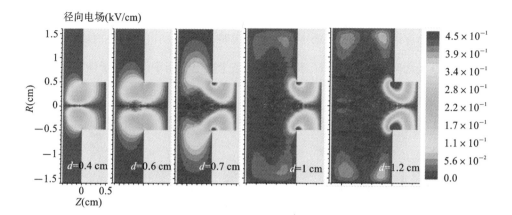

图 3.39　不同电极间距下的时间平均径向电场的空间分布

图 3.40 为在不同电极间距下的时间平均轴向电场的空间分布。当 d 为 0.4 cm 和 0.6 cm 时,孔口附近有高达 0.2 kV/cm 的轴向电场峰值。当 d 增加到 0.7 cm 时,孔内的轴向电场峰值是 $d=0.6$ cm 时的 1.7 倍。当 d 增大到 1 cm 时,孔内的轴向电场峰值略有减小。在 $d=1.2$ cm 时,孔内的轴向电场峰值是 $d=1$ cm 时的 1.4 倍。在 $d=0.7\sim1.2$ cm 时,在径向 ±0.3 cm 的范围内,高于 0.15 kV/cm 的轴向电场占据了孔深度的 2/3 以上。

轴向电场(kV/cm)

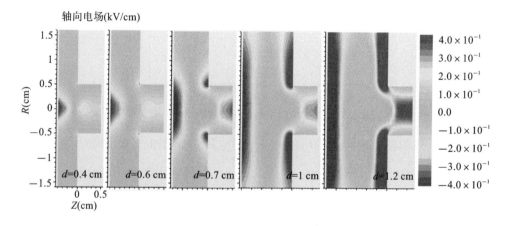

图 3.40　不同电极间距下的时间平均轴向电场的空间分布

孔内的时间平均径向体等离子体区宽度 W_r 随电极间距的变化如图 3.41(a) 所示。在 $d=0.7\sim1.2$ cm 时,在 $Z=0.03$ cm 处,孔内的径向体等离子体区宽度相等,均为 0.25 cm。在 $d=0.4$ cm、0.6 cm、0.7 cm、1 cm 和 1.2 cm 时,空心电极孔

内的轴向鞘层厚度 L_z 分别为 0.53 cm、0.52 cm、0.35 cm、0.38 cm 和 0.43 cm,如图 3.33(b)所示。因此,在 d=0.4 cm 和 0.6 cm 时,空心电极孔内的轴向鞘层厚度大于孔深(0.5 cm),孔内空间被鞘层完全占据,从而体等离子体区只能位于两电极之间,不能进入电极孔内,如图 3.38 所示。在 d=1.2 cm 时,在鞘层完全扩张时,孔内的轴向鞘层厚度可达 0.43 cm,大于 d=0.7 和 1 cm 时的轴向鞘层厚度。因此,当孔内的轴向鞘层扩张时,孔内有更多的高密度等离子体被推出孔[34]。从而在 d=1.2 cm 时(相比 d=0.7 cm 和 1 cm),可在孔外获得更大体积的高密度等离子体。

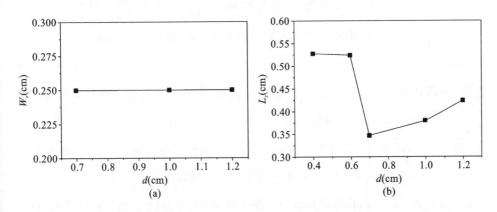

图 3.41　孔内的时间平均径向体等离子体区宽度 W_r 和轴向鞘层厚度 L_z 随电极间距的变化

不同电极间距下孔内的时间平均径向鞘层电势降 ϕ_r 的轴向分布如图 3.42 所示。从孔口到孔底,d=0.7 cm 和 1 cm 时的孔内的径向鞘层电势降略有变化,其值分别为 93 V 和 97 V 左右。在 d=1.2 cm 时,从孔口到孔底,径向鞘层电势降具有最大值。

从上述模拟结果可知,在 d=0.4 cm 和 0.6 cm 时,整个空心电极孔被鞘层占据,基本不能在孔内形成 HCE,因此只能获得较低的电子密度,如图 3.38 所示。当 d 增加到 0.7 cm 时,孔内的轴向鞘层厚度显著减小,从而孔内有较大的体等离子体区,体等离子体区中的高能电子会参与"钟摆运动",形成 HCE。同时,由离子轰击空心阴极侧壁和底部而发射出的二次电子也将参与"钟摆运动"并进一步增强 HCE。而增强的 HCE 将增强二次电子加热和鞘层振荡加热,而增强的二次电子加热和鞘层振荡加热也将增强 HCE。最终,在电子加热的促进下,HCE 将得到较

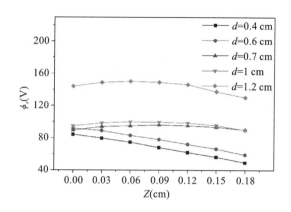

图 3.42 不同电极间距下孔内的时间平均径向鞘层电势降 ϕ_r 的轴向分布

大增强,这将大大增加电离和电子密度。当 d 增加到 1 cm 时,由于孔内的径向电场和径向鞘层电势降都大于 $d=0.7$ cm 时的值,因此二次电子加热和鞘层振荡加热强度将更大,从而 HCE 强度也大于 $d=0.7$ cm 时的值。当 d 增加到 1.2 cm 时,孔内的径向和轴向电场都达到最大,从而鞘层振荡加热也最强。因此,在电极间距从 $d=0.7$ cm 增加到 $d=1.2$ cm 的过程中,HCE 增强。

在 $d=0.7$ cm 时,孔内的轴向鞘层厚度比 $d=1$ cm 时小[见图 3.41(b)],从而等离子体在孔内的深度大于 $d=1$ cm 时的值,这增大了孔内的放电面积,使 HCE 能在更大的范围内发生,这能增加高能电子的数量和电子密度[103]。同时,在形成 HCE 后,鞘层中的电子为指数增殖。因此,在 $d=0.7$ cm 时的电子密度大于 $d=1$ cm 时的电子密度,即使 $d=1$ cm 时孔内的鞘层电势降稍大(见图 3.42)。但是,与 $d=0.7$ cm 和 $d=1$ cm 时相比,由于 $d=1.2$ cm 时孔内具有最大的轴向鞘层厚度[见图 3.41(b)],因此孔内的等离子体深度为最小值,从而发生 HCE 的放电面积最小。因此,电极间距 $d=1.2$ cm 时的最大电子密度要略大于 $d=0.7$ cm 时的值。

3.2.5 孔深对 HCE 的影响

在研究孔深对 HCE 的影响时,图 2.7 所示的结构参数设置如下:空心电极的内直径 D 和电极间距 d 均为 1 cm,孔深 h 在 0~3 cm 的范围内变化。空心电极上所加射频电压幅值为 210 V,频率为 13.56 MHz,背景气体氩气的气压为 1 Torr,

二次电子发射系数 $\gamma_{Ar^+} = 0.1$，圆柱形空心阴极的高度设置为 3.2 cm。

图 3.43 给出了不同孔深下的时间平均电子密度分布。由图 3.43 可知，在孔深增至 0.5 cm 时，孔内中心轴处有电子密度峰值，表明已在孔内形成 HCE。从图 3.43 的 $h=1.5$ cm 和 $h=0$ cm 的对比可以看出，孔内形成 HCE 后，空心阴极结构能大大增加电子密度。但在较浅的孔深（$h=0.2$ cm）时，电子密度峰值位于两电极之间，且几乎与平行板电容耦合放电时的值相等。当孔深 h 从 0.2 cm 增加到 1.5 cm 时，电子密度单调增加。在 $h=1.5$ cm 时，电子密度峰值能达到 1.1×10^{10} cm^{-3}。然而，进一步增加 h 至 3 cm，电子密度峰值降低至 8.7×10^9 cm^{-3}，和 $h=1.3$ cm时的电子密度峰值几乎相等。

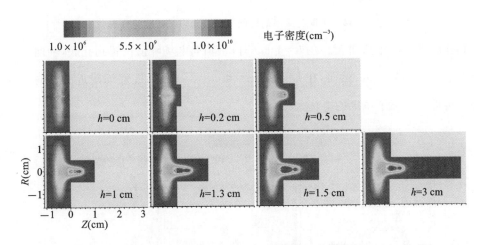

图 3.43　不同孔深下的时间平均电子密度分布

图 3.44 给出了不同孔深下的时间平均径向电场分布。结果表明，径向电场峰值始终分布在孔口附近。此外，随着孔深从 $h=0.2$ cm 增加到 $h=1.5$ cm，径向电场峰值单调增加。然而，进一步增加 h 至 3 cm，径向电场峰值减小，其值和 $h=1.3$ cm 时几乎相等。

图 3.45 给出了在不同孔深下的时间平均轴向电场分布。当 h 从 0.2 cm 增加到 3 cm 时，孔内的轴向电场峰值单调减小。在 $h=0.2$ cm 时，孔口处的轴向电场大于 0.22 kV/cm，因此孔被鞘层完全占据。在 $h=0.2$ cm 和 $h=0.5$ cm 时，轴向电场峰值出现在孔底。然而，在 $h=1\sim3$ cm 时，随着孔深 h 增大，轴向电场峰值位

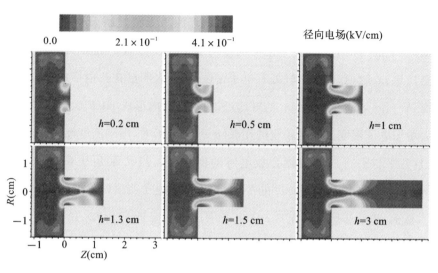

图 3.44　不同孔深下的时间平均径向电场的空间分布

置和孔底之间的距离增大。在 $h = 1$ cm 时,从轴向电场峰值位置到孔底,轴向电场值大于 0.14 kV/cm。然而,在 $h = 1.5$ cm 和 $h = 3$ cm 时,孔底部附近的轴向电场大小接近体等离子体区的电场大小。

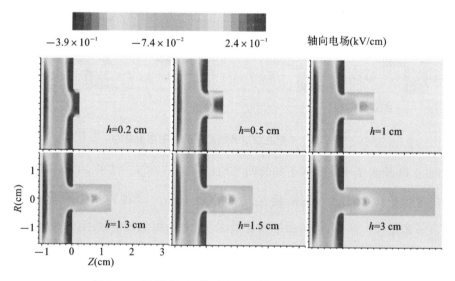

图 3.45　不同孔深下的时间平均轴向电场的空间分布

图 3.46 给出了在不同孔深下孔内的时间平均径向鞘层电势降 ϕ_r 的轴向分布。孔深 h 为 $1 \sim 3$ cm 时,在相同的轴向位置,孔内径向鞘层电势降的变化幅度较小,最大不超过 3 V。而在 $h = 0.5$ cm 时,和 $h = 1 \sim 3$ cm 时相比,在不同的轴向位

置,孔内的径向鞘层电势降最小。

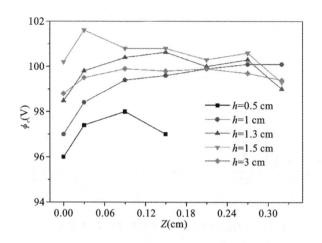

图 3.46　不同孔深下孔内的时间平均径向鞘层电势降 ϕ_r 的轴向分布

随着孔深的增加,孔内的径向体等离子体区宽度 W_r 呈现非单调变化,如图 3.47 所示。在 h 从 0.5 cm 增加到 1.5 cm 的过程中,孔内的径向体等离子体区宽度单调增加,从 $h=0.5$ cm 时的 0.25 cm 增加到了 $h=1.5$ cm 时的 0.43 cm。而继续增加孔深 h 到 3 cm,孔内的径向体等离子体区宽度减小至 0.35 cm,和 h 为 1.3 cm 时的值相等。在之后的第 3.2.6 节将会讲到,HCE 还和孔内的径向体等离子体区宽度相关,在气压为 1 Torr 时,发生 HCE 最优的径向体等离子体区宽度为 0.1 cm 左右。因此在本节的放电条件下,孔深为 1.5 cm 时径向体等离子体区宽度对 HCE 的减弱作用更强。

不同孔深下等离子体在孔内的深度 h_p 如图 3.48 所示。在 $h=0.2$ cm 时,孔内轴向鞘层边缘的位置在孔的外部,因此孔内不存在体等离子体区,如图 3.43 所示。在 $h=0.5$ cm、$h=1$ cm、$h=1.3$ cm、$h=1.5$ cm 和 $h=3$ cm 时,等离子体在孔内的深度 h_p 分别为 0.12 cm、0.42 cm、0.53 cm、0.6 cm 和 0.53 cm。因此,随着孔深 h 从 0.5 cm 增加到 1.5 cm,等离子体在孔内的深度单调增加,电子密度峰值在孔内的轴向范围也随之扩大,如图 3.43 所示。而随着孔深 h 从 1.5 cm 增加到 3 cm,等离子体在孔内的深度减小,因此电子密度峰值在孔内的轴向范围也随之减小,电子密度峰有移出孔的趋势。

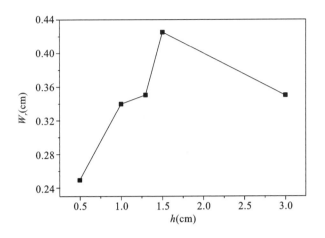

图 3.47　不同孔深下孔内的时间平均径向体等离子体区宽度 W_r 分布($Z=0.03$ cm)

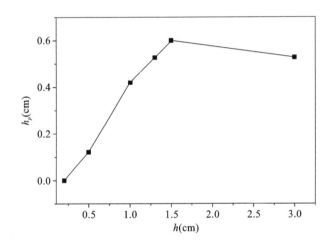

图 3.48　等离子体在孔内的深度 h_p 随孔深的变化

　　上述模拟结果,可以解释孔深对 HCE 的影响。在孔深 $h=0.2$ cm 时,由于孔内空间被鞘层完全占据,因此几乎无法在孔内形成 HCE,此时放电特性与常规的平行板电容耦合放电相当,电子密度也几乎等于平行板放电时的电子密度。在 $h=0.5$ cm 时,孔内存在体等离子体区,体等离子体区中的高能电子可以参与"钟摆运动"并形成 HCE。第 3.2.1 节已经说明,在 $\gamma_{Ar^+}=0.1$ 时,二次电子加热和鞘层振荡加热对维持放电都有重要作用。最终,在 $h=0.5$ cm 时,在电子加热的促进下,HCE 增强,电离和电子密度增加(见图 3.43)。在孔深 $h=1.3$ cm 和 $h=3$ cm 时,等离子体在孔内的深度、孔内的径向体等离子体区宽度、孔内的径向电场基本相同;此外,在孔内相同的轴向位置处,径向鞘层电势降变化不超过 1 V。因此,在 h =1.3 cm 和 h=3 cm 时,电子加热和 HCE 的强度相差不大。从而,h=1.3 cm 和 h=3 cm 的电子密度峰值几乎相等。孔深为 1.5 cm 时孔内有最大的径向电场和鞘层电势降,因此将增强二次电子加热和鞘层振荡加热,而增强的电子加热也会增强 HCE。最终,在电子加热的促进下,在孔深 h=1.5 cm 时 HCE 最强。

3.2.6　孔径对 HCE 的影响

在研究孔径对 HCE 的影响时,图 2.7 所示的结构参数设置如下:空心电极的孔深 h=1.5 cm,电极间距 d=1 cm。空心电极上所加射频电压幅值为 210 V,频率为 13.56 MHz,二次电子发射系数 γ_{Ar^+}=0.1。背景气体氩气的气压为 1 Torr,孔径 D 在 0.4~2 cm 范围内变化,圆柱形空心电极的高度设置为 3.2 cm。

图 3.49 所示为在不同孔径下时间平均电子密度的空间分布。当孔径 D=0.4 cm 时,等离子体不能进入空心电极孔内,电子密度和常规的平行板电容耦合放电几乎相等。因此在 D=0.4 cm 时,放电仍属于平行板容性耦合放电机制,小的孔径不会对放电特性产生影响。在 D=0.7 cm 时,孔内中心轴处有电子密度峰值,表明此时孔内存在 HCE。D=0.7 cm 时的电子密度峰值高达 1.5×10^{10} cm^{-3},是 D=0.4 cm 时的 13.6 倍。当孔径从 D=0.7 cm 增加至 D=2 cm 的过程中,孔内的径向体等离子体区宽度随孔径的增加而增加,但电子密度却随孔径的增加而降低。

不同孔径下时间平均径向电场分布如图 3.50 所示。由图可知,在不同的孔径下,径向电场峰值都分布在孔口附近。在 D=0.4 cm 时,径向电场最小。当 D 从 0.7 cm 增加至 2 cm 时,径向电场几乎保持不变,只是在 D=1~2 cm 时径向电场峰有更大的轴向范围。

图 3.51 所示为不同孔径下时间平均轴向电场的空间分布。当 D=0.4 cm 时,高达 0.2 kV/cm 的轴向电场"堵住"了整个空心阴极孔口,因此,孔内不存在体等离子体区,体等离子体区只分布在两电极之间,如图 3.49 的 D=0.4 cm 时所示。

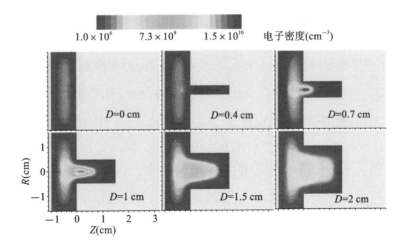

图 3.49　不同孔径下时间平均电子密度的空间分布

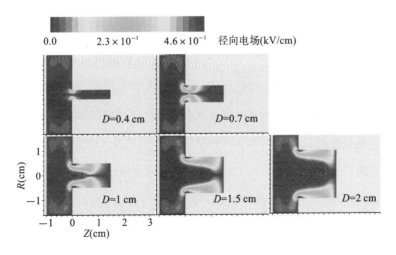

图 3.50　不同孔径下时间平均径向电场的空间分布

孔径增至 $D=0.7$ cm 时,孔口处的轴向电场峰移至孔内,因此孔内存在体等离子体区。在孔径从 $D=0.7$ cm 增至 $D=1.5$ cm 的过程中,孔内的轴向电场峰向孔底方向移动。在 D 为 1.5 cm 和 2 cm 时,孔内的轴向电场峰已位于孔底附近。但孔径 D 从 0.7 cm 增至 2 cm 的过程中,孔内的轴向电场峰值非单调变化。在 D 从 0.7 cm 增至 1 cm 时,峰值从 0.23 kV/cm 减小至约 0.16 kV/cm。进一步增大孔径 D,孔内的轴向电场增大。

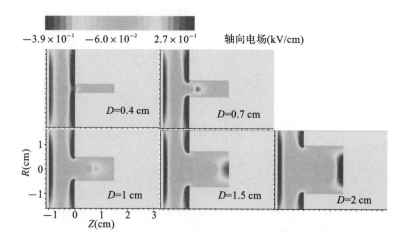

图 3.51　不同孔径下时间平均轴向电场的空间分布

图 3.52 所示为在不同孔径下孔内的时间平均径向鞘层电势降 ϕ_r 的轴向分布。当孔径 $D=0.7$ cm 时,孔内的径向鞘层电势降最大,为 104 V 左右。增大孔径至 $D=1$ cm,孔内的径向鞘层电势降减小,平均值为 99.5 V 左右。进一步增大 D 至 1.5 cm,孔内的径向鞘层电势降进一步减小,其平均值为 98 V 左右。然而,当 D 增大至 2 cm 时,孔内的径向鞘层电势降增大,其平均值为 102 V 左右。

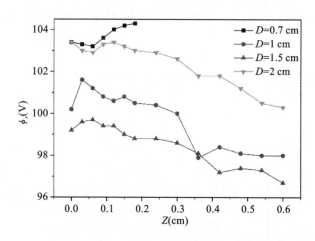

图 3.52　不同孔径下孔内的时间平均径向鞘层电势降 ϕ_r 的轴向分布

图 3.53 所示为等离子体在孔内的深度 h_p 随孔径的变化。在 $D=0.4$ cm 时,孔内的轴向鞘层边沿已经在孔外,因此等离子体在孔内的深度为 0。在 D 为 0.7 cm、1 cm、1.5 cm 和 2 cm 时,等离子体在孔内的深度分别为 0.15 cm、0.6 cm、

1.03 cm和1.09 cm。因此随着孔径 D 的增加,电子密度峰值在孔内的轴向范围也随之增大,如图3.49所示。

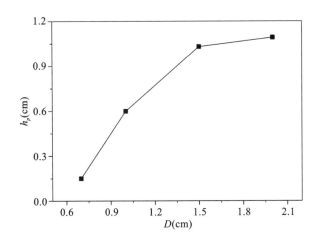

图 3.53　等离子体在孔内的深度 h_p 随孔径的变化

当孔径从 $D=0.7$ cm 增至 $D-2$ cm 时,在孔内相同的轴向位置,径向体等离子体区宽度 W_r 随孔径几乎线性增加,如图3.54所示。在 D 为 0.7 cm、1 cm、1.5 cm 和 2 cm 时,在 $Z=0.03$ cm 处,孔内的径向体等离子体区宽度分别为 0.1 cm、0.32 cm、0.86 cm 和 1.32 cm。因此,随着 D 增加,孔内的电子密度峰的径向宽度增加,如图3.49所示。

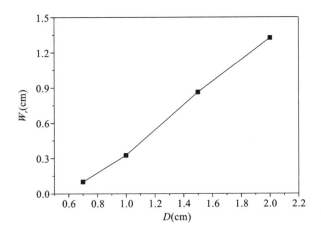

图 3.54　孔内的径向体等离子体区宽度 W_r 随孔径的变化($Z=0.03$ cm)

如上述模拟结果所示,在孔径较小时($D=0.4$ cm),孔内不存在体等离子体区,因此孔内几乎不能形成 HCE,放电特性和常规的平行板电容耦合放电几乎相同。增大孔径至 $D=0.7$ cm,孔内存在体等离子体区,高能电子在孔内进行"钟摆运动"所形成的 HCE 会大大增强电离和电子密度(见图 3.49)。持续增大孔径,孔内的径向体等离子体区宽度持续增大,如图 3.54 所示。越来越多的高能电子没有足够的能量到达孔内的对面侧壁,因此也无法在孔内形成"钟摆运动",HCE 持续减弱。因此,即使在孔径 D 从 0.7 cm 增至 2 cm 的过程中,等离子体在孔内的深度持续增加,能发生 HCE 的面积增大,但由于 HCE 的强度随着孔径的增加持续降低,最终在孔径 D 从 0.7 cm 增至 2 cm 的过程中,电子密度持续降低,如图 3.49 所示。

3.2.7　气压对 HCE 的影响

在研究气压变化对 HCE 的影响时,图 2.7 所示的结构参数设置如下:空心电极的内直径 D 和电极间距 d 均为 1 cm,孔深 $h=1.5$ cm。空心电极上所加射频电压幅值为 210 V,频率为 13.56 MHz,二次电子发射系数 $\gamma_{Ar^+}=0.1$。背景气体氩气的气压在 $0.4\sim2$ Torr 变化,圆柱形空心电极的高度设置为 3.2 cm。

图 3.55 给出了在不同气压下的时间平均电子密度分布。当 $p=0.4$ Torr 时,电子密度峰位于两电极之间,且具有最小值。在 $p=0.4$ Torr 时所示的矩形框区域内,电子密度低于模拟所设的初始密度(1.0×10^6 cm^{-3}),这表明在那些区域不能放电。这说明在气压较小时,孔外电子密度的径向分布极不均匀,且电子密度小。当气压 p 增至 0.7 Torr 时,大部分电子密度峰位于孔内中心轴附近,这表明已在孔内形成了 HCE。且 $p=0.7$ Torr 时的峰值电子密度达到了 1.2×10^{10} cm^{-3},是 $p=0.4$ Torr 时的 2.18 倍。当气压 p 继续增加,电子密度峰值减小。随着气压的增加,两电极之间能放电的区域增加,因此两电极之间的体等离子体区的体积也随着气压的增加而增大。

图 3.56(a)给出了不同气压下的时间平均径向电场的空间分布。在气压从0.4 Torr增加到 0.7 Torr 时,径向电场峰值大幅增加,如图 3.56(b)所示。峰值从

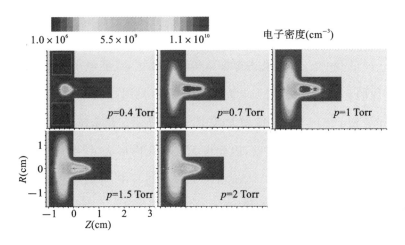

图 3.55　不同气压下的时间平均电子密度的空间分布

$p=0.4$ Torr 时的约 0.21 kV/cm,增加到 $p=0.7$ Torr 时的约 0.43 kV/cm;而在气压从 $p=1$ Torr 增加到 $p=2$ Torr 的过程中,径向电场峰值几乎不变,为 0.46 kV/cm 左右。在 p 为 0.4 Torr 时,放电中产生的带电粒子不会进入图 3.55(a)中矩形框所示的区域,因此,在孔的外部形成了径向电场,如图 3.56(a)所示。

不同气压下时间平均轴向电场的空间分布如图 3.57 所示。在 $p=0.4$ Torr 时,孔口附近的轴向电场峰值达到了 0.13 kV/cm,且轴向电场峰值区域一直延伸到孔外。在气压从 0.7 Torr 增加到 2 Torr 的过程中,孔内的轴向电场峰值几乎不变,约为 0.16 kV/cm。

等离子体在孔内的深度 h_p 随气压的变化如图 3.58 所示。在 p 为 0.7 Torr、1 Torr、1.5 Torr 和 2 Torr 时,等离子体在孔内的深度分别为 0.58 cm、0.6 cm、0.54 cm 和 0.48 cm。

不同气压下孔内径向鞘层厚度 L_r 的轴向分布如图 3.59(a)所示。由图可知,随着压强增大,孔内的径向鞘层厚度减小。在 $p=0.7$ Torr 时,孔内径向鞘层厚度最大;在 $p=2$ Torr 时,孔内的径向鞘层厚度最小。根据孔内径向鞘层厚度的轴向分布,可得到不同气压下孔内的径向体等离子体区宽度 W_r 的轴向分布,如图 3.59

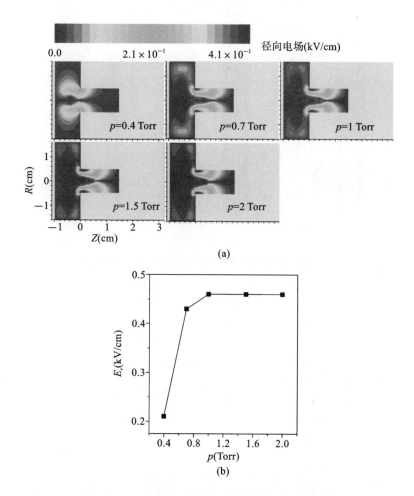

图 3.56　不同气压下的时间平均径向电场的空间分布和径向电场峰值

(b)所示,在 $p=0.7$ Torr 时孔内的径向体等离子体区宽度最小。

　　图 3.60 所示为在不同气压下孔内径向鞘层电势降 ϕ_r 的轴向分布。如图所示,在相同的 Z 轴位置,$p=2$ Torr 时孔内的径向鞘层电势降最小。而在 $p=0.7\sim$ 1.5 Torr 时,在相同的 Z 轴位置,孔内的径向鞘层电势降的变化幅度很小,最大不超过 2 V。

　　根据上述研究结果,气压 p 对 HCE 的影响解释如下。

　　在 $p=0.4$ Torr 时,阴极孔内无体等离子体区,因此孔内几乎无法形成 HCE,电子密度最低。当 $p=0.7$ Torr 时,孔内存在体等离子体区,因此可以形成 HCE,

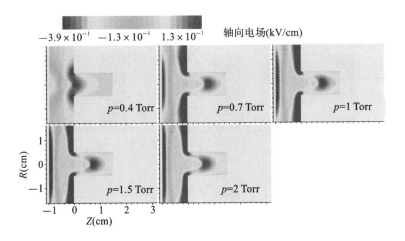

图 3.57 不同气压下时间平均轴向电场的空间分布

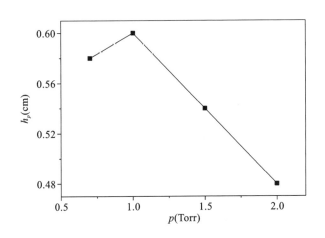

图 3.58 等离子体在孔内的深度 h_p 随气压的变化

电子密度大大增加。如文献[30,31]所述,当气压增加时,为了使 HCE 最优,孔内的径向体等离子体区宽度需减小。而在本节的模拟条件下,当气压增大到 1 Torr 时,孔内最优的径向体等离子体区宽度约为 0.1 cm 左右。而由图 3.59(b)可知,在 $p=1$ Torr 时,孔内的径向体等离子体区宽度超过了 0.3 cm,因此 HCE 减弱,电子密度减小。随着气压继续增大到 1.5 Torr 和 2 Torr,孔内的径向体等离子体区宽度进一步增大,如图 3.59(b)所示,HCE 进一步减弱,电子密度进一步减小。

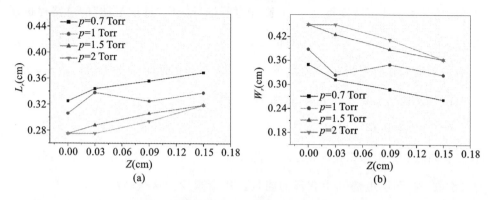

图 3.59　不同气压下孔内径向鞘层厚度 L_r 和径向体等离子体区宽度 W_r 的轴向分布

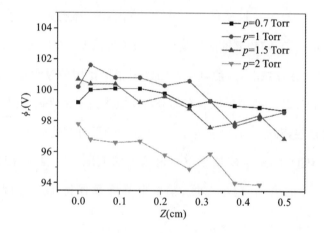

图 3.60　不同气压下孔内径向鞘层电势降 ϕ_r 的轴向分布

3.3　讨　　论

　　从第 3.1 节的模拟结果可知,在一个射频周期 T 中,当空心电极鞘层扩张时(对应 $0\sim1/2T$ 这半个周期),有三方面的因素使 HCE 强度逐渐增大。①因为孔内的鞘层电场和电势降逐渐增大,由离子轰击空心电极内壁所产生的高能二次电子能在逐渐增大的鞘层电势降中获得越来越高的能量。这些高能二次电子会参与"钟摆运动",由于能量增加,会增大激发和电离,从而增大 HCE 强度。②由于孔内的径向体等离子体区宽度逐渐减小，高能电子进行一次"钟摆运动"的总路程也逐渐减小，从而使"钟摆运动"频率增加，增加 HCE 强度。③鞘层从收缩到扩张的过程，孔内径向和轴向电场逐渐增大，高能电子能在与扩张鞘层作用的过程中，获得更多能量，从而增加激发和电离，增加 HCE 强度。

而当空心电极鞘层塌缩时（对应 $1/2T \sim 1T$ 这半个周期），有四方面的因素使 HCE 逐渐减弱。①因为孔内鞘层电势降逐渐减小，由离子轰击空心电极内壁产生的二次电子从鞘层电势降中获得的能量也逐渐减少。这些高能二次电子会参与"钟摆运动"，由于能量减少，激发和电离减弱，从而减弱 HCE 强度。②由于孔内的径向体等离子体区宽度逐渐增大，高能电子进行一次"钟摆运动"的总路程也逐渐增大，从而使"钟摆运动"频率逐渐降低，减弱 HCE 强度。③鞘层从扩张到收缩的过程，孔内电场也逐渐减弱，高能电子在与收缩鞘层作用的过程中，会失去部分能量，减弱 HCE 强度。④孔内可能会有部分高能电子由于惰性而越过逐渐变窄且电场逐渐变弱的鞘层，到达空心电极内壁，因此损失掉部分高能电子。

而在 DC-HCD 中，由于施加于空心电极上的电压保持恒定，因此，在不同时刻，空心电极孔内的电场、鞘层厚度、鞘层电势降都保持不变，因此，HCE 强度不变。

RF-HCD 中 HCE 的强弱受电极间距、电压、气压、二次电子发射系数、孔径、孔深、空心电极上外加直流偏压等参数的影响。在改变参数时，空心电极孔内的鞘层电势降、电场、鞘层厚度、EEDF 和平均电子能量的大小随之发生改变。孔内鞘层电势降的改变会影响二次电子加热，而孔内电场的改变则会影响鞘层振荡加热。电子加热（包括二次电子加热和鞘层振荡加热）和 HCE 是相互促进的关系。因此，在其他条件不变时，当改变参数能获得更强的电子加热时，HCE 的强度随之增强；反之，HCE 的强度随之减弱。而孔内的轴向鞘层厚度则决定了等离子体在孔内的深度。如果参数的大小选择不合适，使得空心电极孔内的轴向鞘层厚度大于或等于孔深，在此种情形下，孔内不存在体等离子体区，因此几乎不能在孔内发生 HCE，放电特性将与平行板电容耦合放电相同。而孔内径向鞘层厚度发生变化则会导致孔内的径向体等离子体区宽度发生变化。在之前的研究中,在不同的气压 p 下,都对应一个能使 HCE 强度最大的最优的径向体等离子体区宽度[31,37,38]。在本书的模拟中发现,如果孔内的径向体等离子体区宽度大于或小于此最优值,则 HCE 减弱。

孔内的径向体等离子体区宽度则受电极孔径 D 的影响较大。图 3.61 所示为不同 pD 下电子密度的变化图。图 3.61(a)为气压不变,改变孔径的电子密度变化图;图 3.61(b)为孔径不变,改变气压的电子密度变化图。从图 3.61 可知,保持气压 p 不变,改变孔径 D 时,在 $pD=0.7$ Torr•cm 时孔内能获得最优的 HCE 和最高的电子密度(约 1.5×10^{10} cm^{-3})。保持孔径 D 不变,改变气压 p 时,也是在 $pD=0.7$ Torr•cm 时孔内能获得最优的 HCE 和最高的电子密度。对比图可以发现,在气压较小时($p=0.7$ Torr),可以通过增大孔径(增大至 1 cm)来获得最优的 HCE 和电子密度;也可以在气压较大时($p=1$ Torr),通过减小孔径(减小至 0.7 cm)来获得最优的 HCE 和电子密度。Ohtsu[31]等人通过实验研究认为在获得最优的 HCE 时,孔径应该等于两倍径向鞘层厚度 $2L_{sh}$ 加上电子的平均自由程 λ_e,即 $D=2L_{sh}+\lambda_e$。当气压增加时,孔内的径向鞘层厚度减小,如图 3.59(a)所示,同时电子平均自由程 λ_e 也减小,因此,电极孔径 D 也需要相应减小才能满足最优化关系。同理,当气压减小时,孔内的径向鞘层厚度 L_{sh} 增加,电子平均自由程 λ_e 也增加,因此电极孔径也需要相应增加才能满足最优化关系。而 HCE 与电子加热又有相互促进的关系。因此,为了获得最优的 HCE,可考虑增强电子加热,同时使孔径 D 满足最优化关系。

在改变射频电压、直流偏压、二次电子发射系数、电极间距、孔深、孔径、气压等参数的大小时,由于空心电极孔内的径向体等离子体区宽度和等离子体在孔内的深度发生变化,孔内电子密度的分布也将发生变化。两电极之间的电子密度的分布也受参数的影响。如果参数选择不合适,放电只能发生在空心电极孔口和接地电极之间,将使得空心电极的平面部分和接地电极之间的区域无体等离子体区分布,孔外电子密度的径向分布将变得极不均匀。

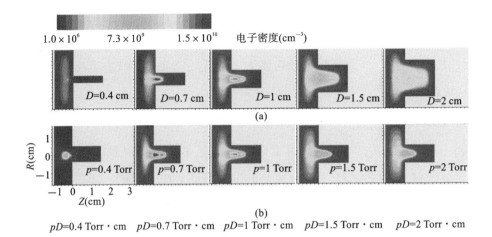

图 3.61　不同 pD 下电子密度的变化图

(a)气压保持 1 Torr 不变,改变孔径的电子密度变化图;

(b)孔径保持 1 cm 不变,改变气压的电子密度变化图

3.4　本章小结

本章利用 2D3V 的 PIC/MCC 模型,在圆柱形氩气射频空心阴极放电中,考察了各放电参数对 HCE 的影响,主要结论如下:

(1) 在 RF-HCD 中,HCE 强度在每半个射频周期的变化规律不相同。在射频电压从正峰值变化到负峰值这半个周期中,对应空心电极鞘层扩张过程,有三方面因素使 HCE 逐渐增大。①在此过程中,孔内的鞘层电势降逐渐增大,由离子轰击空心电极内壁所产生的高能二次电子在鞘层中加速获得的能量也逐渐增大。这些高能二次电子会参与"钟摆运动",由于能量增大,会增加激发和电离概率,使 HCE 增强。②在此过程中,孔内的径向鞘层厚度逐渐增大,孔内的径向体等离子体区宽度逐渐减小,高能电子进行一次"钟摆运动"的总路程减小,"钟摆运动"频率增大,HCE 增强。③鞘层从收缩到扩张的过程,孔内的鞘层电场逐渐增强,高能电子在与鞘层相互作用中,获得的能量增加,增强 HCE。而在射频电压从负峰值变化到

正峰值这半个周期中,情形与之相反,因此 HCE 逐渐减弱。

(2) 放电参数的变化会引起空心电极孔内的鞘层电势降、鞘层厚度、鞘层电场等参数发生变化,从而使 HCE 强度发生变化。孔内径向鞘层厚度的变化会使孔内径向体等离子体区宽度发生变化,进而影响 HCE 的强弱。而孔内的轴向鞘层厚度决定等离子体在孔内的深度,从而影响能发生 HCE 的有效面积。在本书的模拟条件下(氩气,气压 1 Torr,$\gamma_{Ar^+} = 0.1$),会同时存在鞘层振荡加热和二次电子加热。HCE 和电子加热(包括鞘层振荡加热和二次电子加热)是相互促进的关系,即增强的 HCE 会导致增强的电子加热,而电子加热的增强又会导致 HCE 的增强。

(3) 在电极间距、空心电极孔径、孔深或气压的值较小时,孔内的轴向鞘层厚度大于或等于孔深,导致孔内不存在体等离子体区,因此 HCE 很弱,放电产生的电子密度和放电特性也与常规的平行板电容耦合放电相当。

(4) 当孔内存在体等离子体区时,会存在孔径、孔深或气压的最优值,使 HCE 最强。增加电压、二次电子发射系数、空心电极上的外加负直流偏压时,HCE 会随之增大,孔内电子密度也随之增大。

(5) 在改变气压 p 或孔径 D 时,会存在一个 pD 的最优值,使 HCE 最强,孔内电子密度最大。在气压 p 增大时,可通过减小 D 来获得最优 HCE;在气压 p 减小时,可通过增加 D 来获得最优 HCE。

(6) 为了获得最优的 HCE,可考虑增强电子加热,同时使孔径 D 满足最优化关系。

第4章　RF-HCD 中的孔外等离子体增强效应

　　射频空心阴极放电,由于其特殊的空腔状结构,如第 3 章所述,在一定条件下,能在孔内形成 HCE,并通常能在孔外获得比相同条件下的平行板电容耦合放电更大的电子密度。然而,已有的研究只是观察到了孔外密度增强的现象,却很少对孔外密度增强的原因进行细致的分析。已知的有 Schmidt 等人结合实验和解析模型[28],认为在 RF-HCD 中,孔外高密度等离子体是由鞘层扩张加热引起的。他们还在实验中发现,RF-HCD 孔外等离子体密度的径向分布并不均匀,在孔口正前方有密度峰值。这就需要建立精细的模型,来研究孔外等离子体密度增强的根本原因及影响因素,以及孔内外等离子体密度之间的关系。这一章将通过研究放电参数对孔外电子密度的影响,来分析在 RF-HCD 中孔外等离子体密度比平行板电容耦合放电高的原因。

4.1　RF-HCD 中的孔外增强放电

　　图 4.1 所示为常规的平行板 CCP 放电和 RF-HCD 中电子密度的空间分布。其中空心电极的内直径 D 为 1 cm,孔深 h 为 1.5 cm。两种结构的电极间距 d 均为 1 cm,功率电极上所加射频电压的频率均为 13.56 MHz,幅值均为 210 V。背景气体氩气的气压为 1 Torr,二次电子发射系数 $\gamma_{Ar^+} = 0.1$。从图 4.1 可知,在 RF-HCD 中,孔内电子密度峰值为 1.0×10^{10} cm^{-3},且在孔外也有部分电子密度峰值

分布,孔外两电极中央的电子密度也高达 5×10^9 cm^{-3};而常规的平行板 CCP 放电
中的电子密度峰值约为 1.1×10^9 cm^{-3}。因此,在相同条件下,相比常规的平行板
CCP 放电,RF-HCD 能在两电极之间获得更高的电子密度,即 RF-HCD 中存在孔
外增强放电效应。

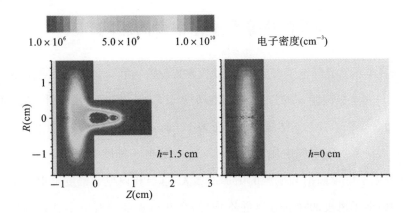

图 4.1　RF-HCD($h=1.5$ cm)和平行板 CCP 放电($h=0$ cm)中的电子密度分布

图 4.2 所示为平行板 CCP 放电和 RF-HCD 中孔外 0.45 cm 处电子密度的径
向分布。从图 4.2 可知,RF-HCD 中孔外电子密度的径向分布并不均匀,在孔口正
前方有电子密度峰值,从孔口正前方向电极两侧,电子密度逐渐降低。而在平行板
CCP 放电中,电子密度的径向分布则较为均匀。

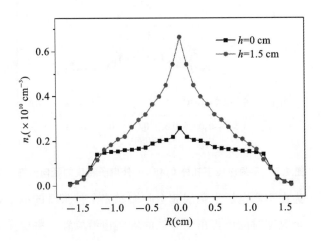

图 4.2　平行板 CCP 放电和 RF-HCD 中孔外 0.45 cm 处电子密度的径向分布

4.2 孔外等离子体密度的影响因素

4.2.1 电压对孔外等离子体密度的影响

在研究电压对孔外电子密度的影响时,参数设置与第 3.2.1 节相同,即空心电极的内直径 D 和电极间距 d 均为 1 cm,孔深 h 为 1.5 cm。空心电极上所加射频电压的频率为 13.56 MHz,背景气体氩气的气压为 1 Torr,二次电子发射系数 $\gamma_{Ar^+} = 0.1$。

图 4.3 所示为在不同电压下孔外 0.45 cm 处电子密度的径向分布。从图 4.3 可知,孔外电子密度随射频电压的增加而增大,这与孔内电子密度随电压的变化规律相同。但电子密度的径向分布并不均匀,在孔口正前方有电子密度峰值。且空心电极结构在 $V_0 = 150$ V 时孔口正前方的电子密度大于平行板 CCP 放电在 $V_0 = 210$ V 时的值。

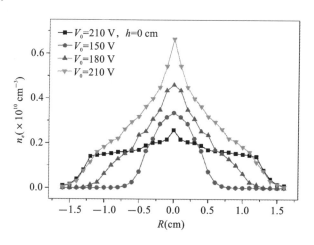

图 4.3　不同电压下孔外 0.45 cm 处电子密度的径向分布

图 4.4 所示为在不同电压下鞘层完全收缩和完全扩张时的电子密度分布。虚线所示为鞘层完全收缩时的体等离子体区的轴向边沿位置。鞘层完全扩张和完全收缩时的虚线位置相同。从图 4.4 可知,在不同电压下,即使在鞘层完全收缩相位,孔内也会有部分电子密度峰值位于孔外。而在鞘层扩张期间,又有部分在孔内

的高密度等离子体被孔内扩张的轴向鞘层推出孔外。在孔内的等离子体,由于存在 HCE,其密度会高于平行板 CCP 放电时的等离子体密度。这些经由扩散和鞘层扩张而到达孔外的高密度等离子体会大大增加孔口正前方的电子密度。因此,在 $V_0 = 150$ V 时孔口正前方的电子密度也大于 $V_0 = 210$ V 时的平行板 CCP 中的电子密度。从图 4.4 中的虚线矩形框可以看出,在 $V_0 = 150$ V 时矩形框内无等离子体分布,孔外的等离子体只分布在空心电极孔和接地电极之间。因此,在 $V_0 = 150$ V 时孔外等离子体密度分布最不均匀,如图 4.3 所示。

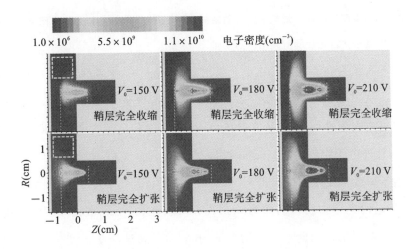

图 4.4　不同电压下鞘层完全收缩和完全扩张时的电子密度

图 4.5(a)显示了不同电压下时间平均电子密度的轴向分布。从图 4.5(a)可以看出,孔内外的电子密度几乎随着空心电极上所加射频电压的增加而增加。其中 $Z > 0$ 表示孔内,$Z < 0$ 表示孔外。图 4.5(b)显示了孔口处时间平均径向体等离子体区宽度随射频电压的变化,发现孔口处的时间平均径向体等离子体区宽度随着射频电压的增加而增加。

4.2.2　二次电子发射系数对孔外等离子体密度的影响

在研究二次电子发射系数对孔外电子密度的影响时,参数设置与第 3.2.2 节相同,即空心电极的内直径 D 和电极间距 d 均为 1 cm,孔深 h 为 0.5 cm。空心电极上所加射频电压的幅值为 210 V,频率为 13.56 MHz,背景气体氩气的气压为 1 Torr。

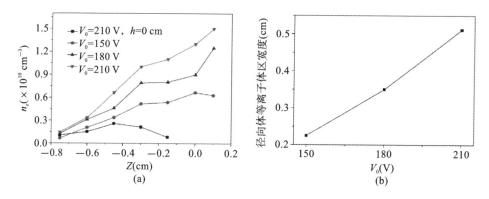

图 4.5   不同电压下时间平均电子密度的轴向分布($R=0$ cm)和孔口处的时间平均径向体

等离子体区宽度随射频电压的变化

图 4.6 所示为在不同的二次电子发射系数 γ_{Ar^+} 下孔外 0.45 cm 处电子密度的径向分布。从图 4.6 可知,即使在 $\gamma_{Ar^+}=0$ 时,空心电极孔外径向±0.5 cm 范围内的电子密度也大于平行板 CCP 放电在 $\gamma_{Ar^+}=0.1$ 时的电子密度。随着 γ_{Ar^+} 从 0 增加到 0.1,孔外电子密度增大。然而,当 γ_{Ar^+} 增加到 0.2 后,孔外径向±0.5 cm 范围内的电子密度低于 $\gamma_{Ar^+}=0$ 和 $\gamma_{Ar^+}=0.1$ 时的值,且几乎等于 $\gamma_{Ar^+}=0.1$ 的平行板 CCP 放电的电子密度。而如第 3.2.2 节所示,随着 γ_{Ar^+} 增大,HCE 增强,孔内电子密度单调增加。因此在这种情形下,孔外电子密度随 γ_{Ar^+} 变化规律与孔内的变化规律不一样。然而,在孔外径向±0.5 cm 的范围之外,与 $\gamma_{Ar^+}=0$ 和 $\gamma_{Ar^+}=0.1$ 相比,在 $\gamma_{Ar^+}=0.2$ 时,电子密度却有最大值。原因是有更大的二次电子发射系数,从空心电极的平面电极部分(除去孔的部分)会发射出更多的高能二次电子,从而增大激发和电离,增加电子密度。

图 4.7 为不同 γ_{Ar^+} 下鞘层完全收缩和完全扩张时的电子密度分布,虚线所示为鞘层完全收缩时的等离子体的轴向边沿位置。鞘层完全扩张时的虚线位置和鞘层完全收缩时的位置相同。从图 4.7 可知,在 $\gamma_{Ar^+}=0$ 和 $\gamma_{Ar^+}=0.1$ 时,即使在鞘层收缩期间,也会有部分电子密度峰值扩散出孔外。而在鞘层扩张期间,孔内部分高密度等离子体会被孔内扩张的轴向鞘层推出孔外。这些经由扩散和鞘层扩张而到达孔外的高密度等离子体,会大大增加孔口正前方的电子密度。因此,即使在 $\gamma_{Ar^+}=0$ 时,空心电极孔外径向±0.5 cm 范围内的电子密度也大于 $\gamma_{Ar^+}=0.1$ 时的

平行板 CCP 放电的电子密度(见图 4.6)。

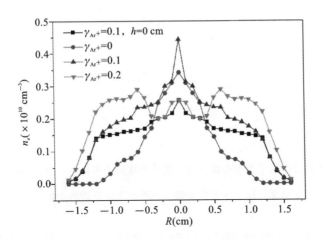

图 4.6　不同二次电子发射系数下孔外 0.45 cm 处电子密度的径向分布

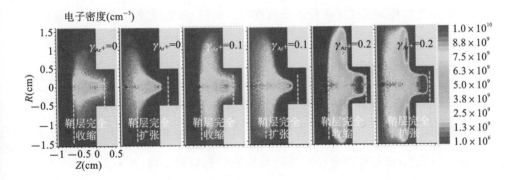

图 4.7　不同 γ_{Ar^+} 下鞘层完全收缩和完全扩张时的电子密度

图 4.8(a)显示了在不同二次电子发射系数下电子密度的轴向分布,并且和平行板 CCP 放电($h=0$ cm)在二次电子发射系数为 0.1 时比较。在 $\gamma_{Ar^+}=0.2$ 时,从腔内到腔外,电子密度急剧下降。一旦 $Z<-0.15$ cm,在 $\gamma_{Ar^+}=0.2$ 时的电子密度低于在 $\gamma_{Ar^+}=0$ 和 0.1 时的值。一旦 $Z<-0.3$ cm,在 $\gamma_{Ar^+}=0.2$ 时的电子密度几乎等于平行板 CCP 放电($h=0$ cm)在 $\gamma_{Ar^+}=0.1$ 时的值。图 4.8(b)显示了孔口处的时间平均径向体等离子体区宽度随二次电子发射系数 γ_{Ar^+} 的变化,发现孔口处的时间平均径向体等离子体区宽度随着二次电子发射系数的增加而增加。

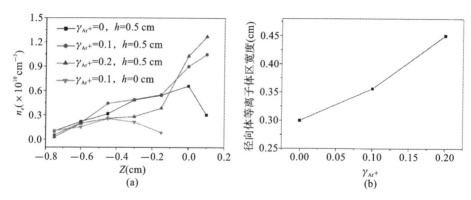

图 4.8 不同二次电子发射系数下电子密度的轴向分布($R=0$ cm)和孔口处的时间平均径向体等离子体区宽度随二次电子发射系数的变化

4.2.3 外加直流偏压对孔外等离子体密度的影响

在研究外加直流偏压对孔外电子密度的影响时,参数设置与第 3.2.3 节相同,即孔的内直径 D 为 1 cm,孔深 h 为 0.5 cm,电极间距 d 为 0.7 cm。空心阴极上施加的 V_0 的幅值和频率分别为 210 V 和 13.56 MHz。中性气体氩气的气压为 1 Torr,二次电子发射系数 $\gamma_{Ar^+}=0.1$。图 4.9 所示为在不同 V_{dc} 时,孔外 0.45 cm 处电子密度的径向分布。从图 4.9 可知,孔外电子密度随空心电极上所加负直流偏压的增大而增大,这与孔内电子密度随偏压的变化规律一致(见第 3.2.3 节)。但电子密度的径向分布并不均匀,在不同的 V_{dc} 下,电子密度峰值均在孔口正前方。

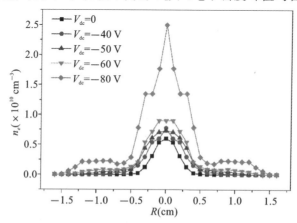

图 4.9 不同 V_{dc} 下孔外 0.45 cm 处电子密度的径向分布

　　图 4.10 为在不同外加直流偏压下鞘层完全收缩和对应的鞘层完全扩张时的电子密度分布,虚线所示为鞘层完全收缩时的等离子体区的轴向边沿位置,鞘层扩张时虚线位置和鞘层收缩时的位置相同。从图 4.10 可知,在 $V_{dc}=-40\sim-60$ V 时,即使在鞘层完全扩张相位,等离子体密度峰值也基本位于孔内。

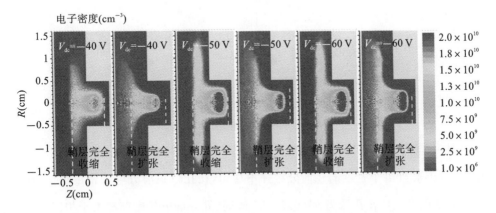

图 4.10　不同 V_{dc} 下鞘层完全收缩和完全扩张时的电子密度

4.2.4　孔深对孔外等离子体密度的影响

　　在研究孔外电子密度随孔深的变化时,参数设置与第 3.2.5 节相同,即电极间距 d 和孔的内直径 D 均为 1 cm,空心阴极上所加射频电压幅值为 210 V,频率为 13.56 MHz,中性背景气体氩气的气压为 1 Torr,二次电子发射系数 $\gamma_{Ar^+}=0.1$。

　　图 4.11 所示为在不同的孔深下($R=0$ cm)孔外电子密度的分布。由图 4.11 可知,当孔深从 $h=0.2$ cm 增加到 $h=3$ cm 时,孔外电子密度非单调变化。当孔深从 0.2 cm 增加到 1.5 cm 时,孔外等离子体密度单调增加;继续增加孔深至 3 cm,孔外等离子体密度单调降低。而在第 3.2.5 节中,孔内电子密度随孔深变化也有相同的规律,即孔内外电子密度随孔深的变化规律相同。在孔外 0.45 cm 处,孔深 $h=1.5$ cm 时的电子密度峰值是平行板 CCP 放电($h=0$ cm)的 2.3 倍。结果表明,通过选择合适的孔深,可以在孔外获得最优的电子密度。

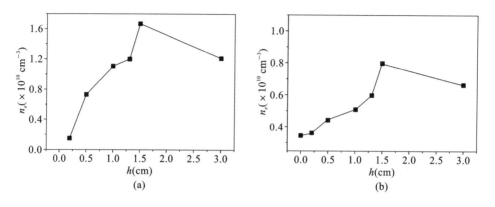

图 4.11　不同的孔深下($R=0$ cm)孔外电子密度随孔深的变化

(a)孔外 0.06 cm 处；(b)孔外 0.45 cm 处

图 4.12 所示为在不同的孔深下孔外 0.45 cm 处电子密度的径向分布。从图 4.12 可知，孔外电子密度的径向分布并不均匀，在孔口正前方电子密度最大，形成一个密度峰值。且在孔深为 $h=0.5 \sim 3$ cm 时，孔外的电子密度都大于相同条件下的平行板 CCP 放电的电子密度。

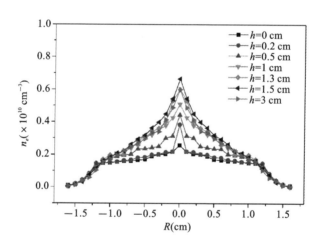

图 4.12　不同的孔深下孔外 0.45 cm 处电子密度的径向分布

图 4.13 所示为在不同孔深下鞘层完全收缩和完全扩张时的电子密度，虚线所示为鞘层完全收缩时等离子体的轴向边沿位置，鞘层扩张时虚线位置和鞘层收缩时的位置相同。从图 4.13 可知，在 $h=0.5 \sim 3$ cm 时，即使在鞘层完全收缩相位，也有部分电子密度峰值位于孔外。这说明即使在鞘层收缩期间，也有部分高密度

等离子体扩散出孔外。从鞘层收缩和扩张相位的对比可知,在鞘层扩张时,空心电极孔内的部分高密度等离子体被孔内扩张的轴向鞘层推出孔外。因此,在鞘层完全扩张相位,空心电极孔内的体等离子体区整体向接地阳极移动一段距离,孔内的体等离子体区的体积明显缩小。而经由扩散和鞘层扩张而到达孔外的高密度等离子体,会大大增加孔口正前方的电子密度,如图 4.10 所示。

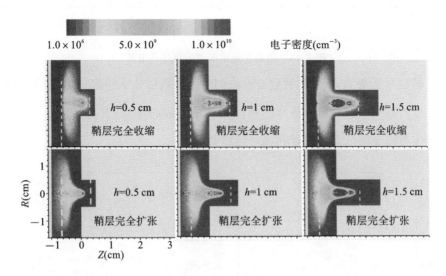

图 4.13　不同孔深下鞘层完全收缩和完全扩张时的电子密度

图 4.14 所示为在孔深 $h=1.5$ cm 下的鞘层完全扩张时的径向电场、轴向电场和等离子体电势分布,其余参数设置不变。从图 4.14 可以看出,在鞘层完全扩张相位,空心电极孔内鞘层电势降高达 200 V,因此产生强的径向电场和轴向电场。如第 3.1 节所述,在鞘层扩张过程中,孔内电场逐渐增强、鞘层厚度逐渐增大,因此孔内的体等离子体区体积减小。在此过程中,孔内扩张的轴向鞘层会把孔内的部分高密度等离子体推出孔外。

图 4.15(a)显示了不同孔深下时间平均电子密度的轴向分布。从图 4.15(a)可以看出,空腔内外的电子密度都随着空腔深度的增加而增加,并且空腔外的电子密度高于平行板 CCP 放电($h=0$ cm)时的值。图 4.15(b)显示了不同孔深下空心电极侧壁径向鞘层厚度的轴向分布,其中径向鞘层厚度是空心电极的径向鞘层边缘和侧壁之间的宽度。从图 4.15(b)可以看出,从孔口到空腔底部,空心电极侧壁

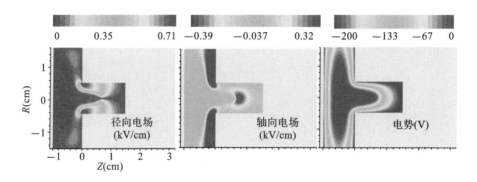

图 4.14 鞘层完全扩张时的电场和电势

的径向鞘层厚度增加,这意味着空心电极侧壁处的鞘层是倾斜的。图 4.15(c)显示了孔口处的时间平均径向体等离子体区宽度随孔深的变化,发现孔口处的时间平均径向体等离子体区宽度随着孔深的增加而增加。

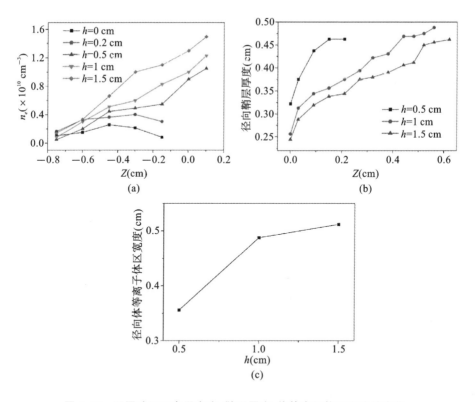

图 4.15 不同孔深下电子密度、鞘层厚度、体等离子体区宽度的变化

(a)不同孔深下电子密度的轴向分布($R=0$ cm);(b)不同孔深下空心电极侧壁径向
鞘层厚度的轴向分布;(c)不同孔深下孔口处的时间平均径向体等离子体区宽度

4.2.5　孔径对孔外等离子体密度的影响

在研究孔径对孔外电子密度的影响时,参数设置与第 3.2.6 节相同,即空心电极的孔深 $h=1.5$ cm,电极间距 $d=1$ cm。空心电极上所加射频电压幅值为 210 V,频率为 13.56 MHz,二次电子发射系数 $\gamma_{Ar^+}=0.1$。背景气体氩气的气压为 1 Torr。

图 4.16 所示为孔外 0.45 cm 处电子密度的径向分布随孔径的变化。从图 4.16可知,孔径 D 在 0.4～2 cm 的变化过程中,孔外电子密度的径向分布并不均匀,在孔口正前方有密度峰值。且在不同孔径下,空心电极孔外的电子密度都大于相同条件下的平行板 CCP 放电的电子密度。在第 3.2.6 节中,在 $D=0.7$ cm 时孔内的电子密度具有最大值,而从图 4.16 可知,在 $D=0.7$ cm 时,孔外 0.45 cm 处的电子密度却小于 $D=1～2$ cm 时的值。

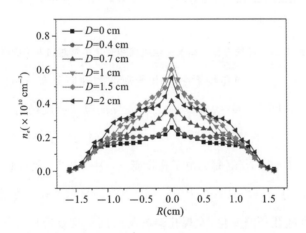

图 4.16　在不同的孔径下孔外 0.45 cm 处电子密度的径向分布

图 4.17 所示为在不同孔径下鞘层完全收缩和完全扩张时的电子密度,虚线所示为鞘层完全收缩时等离子体的轴向边沿位置。鞘层完全扩张时的虚线位置和鞘层收缩时的位置相同。从图 4.17 可知,在孔径从 $D=0.7$ cm 增加到 $D=2$ cm 的过程中,即使在鞘层完全收缩相位,也会有部分电子密度峰值位于孔外。从鞘层收缩和扩张相位的对比可以看出,当鞘层扩张时,空心电极孔内的部分高密度等离子

体被孔内扩张的轴向鞘层推出孔外,从而使体等离子体区整体向接地电极移动一段距离,孔内的体等离子体区的体积也明显缩小。因此,经由扩散和鞘层扩张而到达孔外的高密度等离子体,使不同孔径下孔外电子密度都大于平行板 CCP 放电时的值,即孔外的电子密度得到了增强。

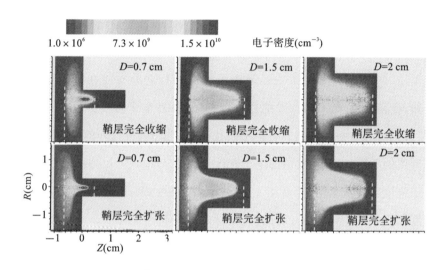

图 4.17 不同孔径下鞘层完全收缩和完全扩张时的电子密度

图 4.18(a)显示了不同孔径下平均电子密度的轴向分布。从图 4.18(a)可以看出,在不同的轴向位置,$D=0.7\sim2$ cm 时腔外的电子密度均高于平行板结构($D=0$ cm)时的值。从腔内到腔外,孔径 $D=0.7$ cm 时的电子密度急剧下降,在 $Z<-0.28$ cm 之后,$D=0.7$ cm 时的电子密度低于 $D=1\sim2$ cm 的电子密度,即使 $D=0.7$ cm 时腔内电子密度具有最大值。图 4.18(b)显示了孔口处的时间平均径向体等离子体宽度随孔径的变化,发现孔口处的时间平均径向体等离子体区宽度随孔径 D 的增加而增加。

4.2.6 气压对孔外等离子体密度的影响

在研究气压对孔外电子密度的影响时,参数设置与第 3.2.7 节的相同,即空心电极的内直径 D 和电极间距 d 均为 1 cm,孔深 $h=1.5$ cm。空心电极上所加射频电压幅值为 210 V,频率为 13.56 MHz,二次电子发射系数 $\gamma_{Ar^+}=0.1$。

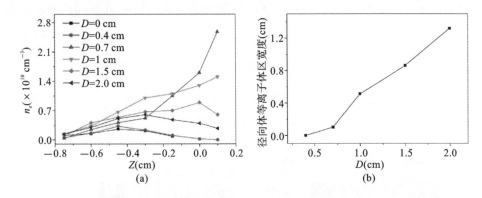

(a)　　　　　　　　　　　　　(b)

图 4.18　不同孔径下电子密度的轴向分布($R=0$ cm)和孔口处的时间平均径向体

等离子体区宽度随孔径的变化

图 4.19 所示为在不同的气压下孔外 0.45 cm 处电子密度的径向分布。其中 $p=1$ Torr，$h=0$ cm 的平行板 CCP 放电被用来与 RF-HCD 比较。从图 4.19 可知，在不同的气压下，孔外电子密度的径向分布并不均匀，在孔口正前方存在密度峰值。虽然在气压为 0.7 Torr 时，孔内的电子密度最大，如第 3.2.7 节中的图 3.55 所示。但在孔口正前方，却是气压为 1 Torr 时的电子密度最大。而在气压从 1 Torr 增长到 2 Torr 的过程中，孔外电子密度的径向分布变得更加均匀。

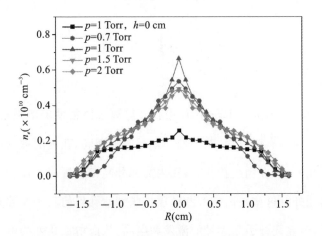

图 4.19　不同气压下孔外 0.45 cm 处电子密度的径向分布

图 4.20 所示为在不同气压下鞘层完全收缩和鞘层完全扩张时的电子密度。虚线所示位置为鞘层完全收缩时的等离子体轴向边沿位置，鞘层扩张时的虚线位

置和鞘层收缩时完全相同。从图 4.20 可知,在气压 $p=0.7\sim2$ Torr 时,即使在鞘层完全收缩相位,也会有部分电子密度峰值位于孔外。而在鞘层扩张时,孔内又会有部分由 HCE 产生的高密度等离子体被孔内扩张的轴向鞘层推出孔外。这些经由扩散和鞘层扩张而到达孔外的高密度等离子体,使在气压为 $p=0.7\sim2$ Torr 时孔外的电子密度均大于平行板 CCP 放电的电子密度。

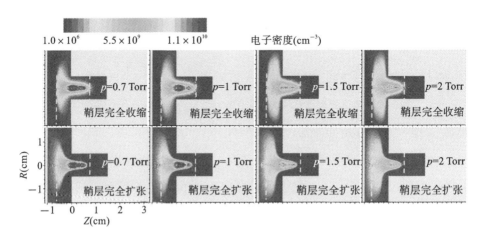

图 4.20 不同气压下鞘层完全收缩和完全扩张时的电子密度

4.3 讨   论

在第 4.2 节已经研究了 RF-HCD 中孔外等离子体密度的增强效应,并发现使孔外密度增强的原因有两方面:①即使在鞘层收缩期间,孔内的部分高密度等离子体也能扩散出孔外;②在鞘层扩张时,孔内的部分高密度等离子体会被孔内扩张的轴向鞘层推出孔外。这些经由扩散和鞘层扩张到达孔外的高密度等离子体中含有大量高能电子,会在孔外引起大量的激发和电离,从而增加孔外的电子密度。在研究中也发现,在 RF-HCD 中,孔外电子密度的径向分布并不均匀,在孔口正前方有电子密度峰值,并向电极两侧逐渐降低。出现此种分布的原因是经由扩散和鞘层扩张而到达孔口正前方的高密度等离子体,会在孔外进一步向径向和轴向扩散,在扩散过程中,密度会逐渐减小。

在二次电子发射系数从 0 增加到 0.2 的过程中,孔内外电子密度的变化规律并不相同:在孔内,电子密度随二次电子发射系数的增大而增大;在孔外,径向±0.5 cm 的范围内,在 $\gamma_{Ar^+}=0.2$ 时,孔外的电子密度最小。其原因是在 $\gamma_{Ar^+}=0.2$ 时,如图 4.6 所示,即使在鞘层完全扩张相位,电子密度峰值也完全位于孔内。因此,在 $\gamma_{Ar^+}=0.2$ 时径向±0.5 cm 范围内的电子密度几乎等于 $\gamma_{Ar^+}=0.1$ 时的平行板 CCP 放电的电子密度。

在第 3.2.6 节中,当孔径从 $D=0.7$ cm 增加到 $D=2$ cm 的过程中,孔内的电子密度逐渐减小。可在孔外 0.45 cm 处,$D=0.7$ cm 时的电子密度却小于 $D=1\sim 2$ cm 时的值。原因是在 $D=0.7$ cm 时,孔径小,因此孔口处的径向体等离子体区宽度也很小,如图 4.18(b)所示,所以孔内高密度等离子体的体积也小(见图 4.17)。当部分小体积的高密度等离子体经由扩散和鞘层扩张而到达孔外时,会进一步扩散到电极两侧。由于体积小,扩散到孔外较大的区域时,电子密度也小。而在 $D=1.5$ cm 和 2 cm 时,虽然孔内电子密度低,但由于孔径大,孔口处的径向体等离子体区宽度也更大,如图 4.18(b)所示,体等离子体的体积也比 $D=0.7$ cm 时大得多,如图 4.17 所示。因此经由扩散和鞘层扩张而到达孔外的等离子体的体积也比 $D=0.7$ cm 时大得多。因此在 $D=1.5$ cm 和 2 cm 时,孔外的等离子体密度反而高于 $D=0.7$ cm 时的值。

在电极孔内,$p=0.7$ Torr 时的电子密度高于 $p=1$ Torr 时的值,如图 3.55 所示。而在 $p=0.7$ Torr 时孔外电子密度低于 1 Torr 时的值,如图 4.19 所示。其原因是两者孔内电子密度相差不大,如图 3.55 所示。而在 $p=1$ Torr 时,孔内的径向体等离子体区宽度更宽,如第 3.2.7 节中的图 3.59(b)所示。因此在鞘层扩张时,会有更大体积的高密度等离子体被推出孔外,从而增加孔外电子密度。而在 $p=1.5$ Torr 和 2 Torr 时,虽然孔内的电子密度较低,如图 4.20 所示,但由于在孔内有较大的径向体等离子体区宽度,如图 3.59(b)所示,因此孔内有更大体积的等离子体会经由鞘层扩张和扩散到达孔外,从而使孔外的电子密度和 $p=0.7$ Torr 时相差不大,且径向分布更加均匀。

电子密度随孔深和射频电压的变化分析如下。对于不同的孔深和射频电压，在孔口处均存在电子密度峰值，这些电子密度峰值通过 HCE 产生，其中包含大量高能电子。在空心电极鞘层扩张时，电子密度峰中的一些高能电子被孔内扩张的鞘层推出空腔。从腔中推出的高能电子将在腔外引起大量的激发和电离，从而增加腔外的等离子体密度。此外，随着空腔深度或射频电压的增加，孔口处的径向体等离子体宽度和电子密度都增加，这表明有更多的高能电子可以被孔内扩张的鞘层推出空腔，从而导致空腔外的等离子体密度更高。因此，随着空腔深度或射频电压的增加，腔外的电子密度增加，如图 4.5(a)和图 4.15(a)所示。

4.4　本章小结

本章利用 2D3V 的 PIC/MCC 模型，在圆柱形氩气射频空心电极放电中，研究了 RF-HCD 孔外电子密度增强的原因，主要结论如下：

（1）在合适的参数下，RF-HCD 能在孔外获得比平行板 CCP 放电更高的等离子体密度有两方面原因：一是即使是在鞘层收缩期间，孔内也会有部分高密度等离子体扩散出孔外；二是在鞘层扩张时，孔内扩张的轴向鞘层会进一步将孔内部分高密度等离子体推出孔外。

（2）在 RF-HCD 中，孔外电子密度的径向分布并不均匀，电子密度峰值分布在孔口正前方。原因是经由扩散和鞘层扩张而到达孔口正前方的高密度等离子体，会在孔外进一步向径向和轴向扩散。在扩散过程中，密度会逐渐减小，从而使孔外电子密度的径向分布为在孔口正前方有峰值，并向电极两侧减小。

（3）孔口处的径向体等离子体区宽度会显著影响孔外电子密度的大小。如果孔口处的径向体等离子体区宽度较小，即使孔内电子密度最大，但是经由扩散和鞘层扩张能到达孔外的电子数目也会较少，从而孔外的电子密度也会较低。

（4）如果在鞘层完全扩张相位，孔内的高密度等离子体也不能被孔内扩张的轴向鞘层推出孔外，在此种情形下，孔外等离子体密度不一定增强。

第5章 RF-HCD中的条纹现象

条纹不仅可以出现在直流、交流、介质阻挡和电晕放电中,也可以出现在平行板电容耦合放电、电感耦合放电等射频放电中。在很多应用场合,条纹是需要避免的。在低气压下的直流辉光放电中,空间不均匀等离子体中的非局域电子动力学被认为是条纹的形成原因[47]。在射频容性耦合放电中,条纹的形成机制并没有统一。Liu 等人[69]通过粒子动力学模拟的方法,认为在射频容性耦合放电中,条纹的形成原因是当离子密度超过临界值后,射频驱动频率与离子本征频率发生共振,从而使得空间中的正负离子能响应射频电场的变化,向相反方向运动并形成空间电荷。这些空间电荷产生的电场会加强或减弱局部电场,使总电场呈"条纹状"分布(场强有大小变化)。电子在强电场中吸收能量后会引起大量激发电离,从而出现条纹。Kawamura 等人[68]通过粒子模拟方法,认为大气压射频容性耦合放电中条纹形成的根源是非局域电子动力学而导致的电离不稳定。Durrani 等人[77]通过理论模型计算,认为在射频容性耦合放电中,条纹的形成原因是当等离子体密度达到临界值后,空间电荷使极间电场改变。迄今为止,还没有研究者通过实验的方法来详细研究在射频容性耦合放电中的条纹形成机制。本章将通过实验的方法来研究在射频空心阴极放电中条纹的产生条件和机制。

5.1 实验装置

研究条纹的实验装置由空心阴极放电单元、射频电源、真空系统和测量装置四部分构成,如图5.1所示。其中空心阴极由铜制成,其内径为 1 cm,深度可在0.2~

1 cm 变化。直径为 5 cm 的圆形铜片同轴放置在空心阴极的下方,作为接地阳极。两电极之间的间隙可在 1～10 cm 之间变化。放电气体为氩气。为了防止空心阴极外表面以及传输导线与接地腔室形成放电,空心阴极用陶瓷管完全覆盖其外表面,而传输导线则用聚四氟乙烯完全包裹。空心阴极通过 L 型射频匹配器连接至 13.56 MHz 的射频电源。L 型射频匹配器由一个电感器和两个可变电容器组成,其内置自偏压和功率测量电路,可以自动获得功率电极上的自偏压和功率数据。射频电源型号为 PM-600,输出功率的范围为 0～600 W。

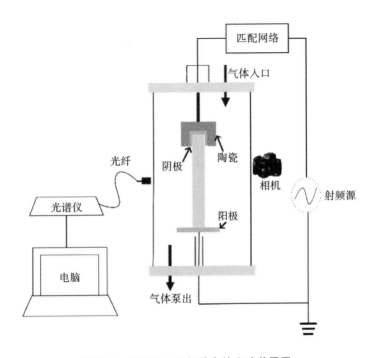

图 5.1 射频空心阴极放电的实验装置图

放电腔室为内径为 8 cm、高为 45 cm 的玻璃圆筒。腔室中的气压 p 由针阀调节,并由 ZDF-Ⅲ 型真空计测量。放电图像由数码相机(Canon EOS 550D)记录。光谱仪(AvaSpec-3648-USB2)则用来获得光发射光谱(optical emission spectroscopy,OES)。

5.2　低气压下 RF-HCD 中的条纹

在实验中,当在玻璃腔室中充入氩气时,在一定的条件下,如在合适的气压和功率下,能观察到两种形状的条纹。当两电极之间不加玻璃管束缚时,观察到的条纹一般为球形,如图 5.2(a)所示。当两电极之间加上小内径的玻璃管时,观察到的一般为蚕茧形条纹,如图 5.2(b)所示。

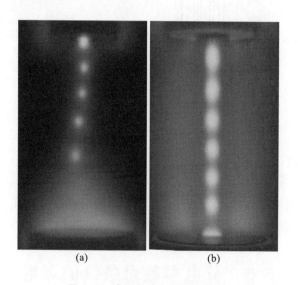

(a)　　　　　　　　(b)

图 5.2　球形条纹和蚕茧形条纹

(a)球形条纹,$p=250$ Pa,功率 $P=20$ W;(b)蚕茧形条纹,$p=200$ Pa,$P=80$ W

注:空心阴极孔径和孔深分别为 1 cm 和 0.3 cm,电极间距为 9 cm。

条纹放电中的暗区也并非完全不发光。图 5.3 显示了在氩气条纹放电中的明暗区域的光谱图。其中射频功率为 35 W,气压为 88 Pa,使用此较低的气压是因为气压越低,则条纹间距越大,从而方便采集明、暗条纹之间的光谱。从图 5.3 可知,发射谱线主要集中在 $690\sim860$ nm 范围内,对应于氩原子的激发态[104]。条纹放电中的明暗区域的谱线种类相同,这表明两个区域之间的物理过程几乎没有差异。但在明、暗区域中谱线的强度不同。如明区中谱线 750.39 nm、763.51 nm 和

811.53 nm 的相对强度远大于暗区中对应谱线的相对强度,并且这些谱线的强度比在明、暗区域之间是不同的。在图 5.3 中,明区的谱线 811.53 nm 与 750.39 nm 的强度比为 2.13,暗区则为 2.90。

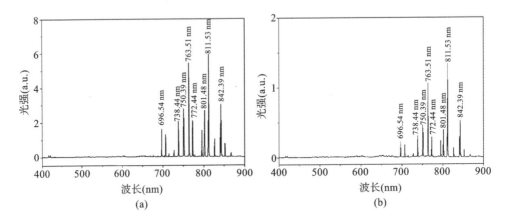

图 5.3   明条纹和暗条纹的光谱图

(a)明区;(b)暗区

注:空心电极的孔径为 1 cm,孔深为 0.3 cm,电极间距为 9 cm。两电极之间放置一根内径 1.4 cm、长为 9 cm 的玻璃管。射频功率为 35 W,气压为 88 Pa。

另外,电极间隙在 3 cm 以下时,实验中一般都观察不到条纹。

5.3   放电参数对条纹的影响

5.3.1   RF 功率对条纹的影响

RF-HCD 中条纹的形成和特性对 RF 功率很敏感。在较低的气压下,条纹仅在较高的功率下出现,如图 5.4 所示。在 200 Pa 时,当 RF 功率增加到 70 W 时,会出现静态球形条纹,如图 5.4(a)至图 5.4(c)所示。在图 5.4(a)中,在气压为 200 Pa、功率为 10 W 时,RF-HCD 表现出与 DC 辉光放电相同的结构,从图像上可以清楚地看到空心阴极孔口附近的负辉区(NG),然后依次是法拉第暗区(FDS)和正柱

区(PC)。在较高的气压下,可以观察到条纹的 RF 功率降低,如图 5.4(d)至图 5.4
(f)所示。在 250 Pa 时,RF 功率增加到 20 W 时就会出现条纹。

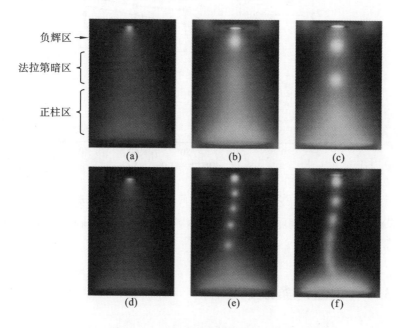

图 5.4　RF-HCD 中的条纹图像随压强和 RF 功率的变化

(a)200 Pa,10 W;(b)200 Pa,50 W;(c)200 Pa,70 W;

(d)250 Pa,10 W;(e)250 Pa,20 W;(f)250 Pa,50 W

注:下方电极接地,上方电极为空心阴极。空心阴极的孔径和深度分别为 1 cm 和 0.3 cm。

电极间距为 9 cm,电极间不加玻璃管。

条纹间距 ΔS 与 RF 功率的关系如图 5.5 所示。条纹间距 ΔS 的大小,即两个
连续条纹之间的距离,受功率、气压、空心阴极孔深等因素的影响。在本书中,我们
根据两电极间首尾两个明条纹中最亮的部分来确定首尾条纹的位置,然后测量首
尾条纹之间的等离子体通道的总长度,再取算术平均值来得到条纹间距 ΔS。在两
电极间不加入内径较小的玻璃管时,条纹的形态为弯曲状,如图 5.4 所示,不利于
精确计算条纹间距 ΔS。加入一根内径较小的玻璃管后,条纹的分布形态为一条直
线,如图 5.2(b)所示,便于精确计算条纹间距 ΔS。因此,在计算条纹间距 ΔS 时,
均在电极间加入一根内径较小的玻璃管。从图 5.5 可以看出,条纹间距 ΔS 随 RF
功率的增加而增加。

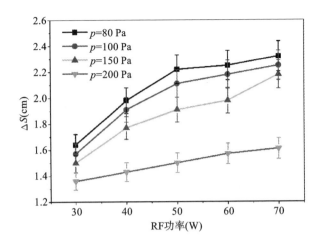

图 5.5　不同气压下的条纹间距与 RF 功率的关系

注：误差棒为 5%。空心阴极的孔径和孔深分别为 1 cm 和 0.3 cm，电极间距为 9 cm。电极间

插入一根长为 9 cm、内径为 1.4 cm 的玻璃管。

5.3.2　气压对条纹的影响

在氩气 RF-HCD 中，在一定的 RF 功率下，当压强增加到某一临界值，会出现条纹。如在 $P=30$ W 时，当压强增加到 250 Pa 时出现条纹，如图 5.6(a)至图 5.6(d)所示，并且条纹数量随压强的增加而增加。而增加 RF 功率，出现条纹的临界压强会减小，如图 5.6(e)至图 5.6(h)所示。在 RF 功率为 $P=80$ W 时，压强 $p=200$ Pa 的放电通道中就出现了条纹[见图 5.6(e)]，远低于在 30 W 时出现条纹的压强[见图 5.6(b)]。

在压强 $p=300$ Pa 时，当功率增加到 80 W 或更高后，条纹将消失，放电变得几乎均匀[见图 5.6(h)]。原因是在实验过程中，条纹放电现象仅出现在一定的压强范围内，随着压强的增加，由于弹性碰撞而造成的能量损失也会增加，从而导致条纹消失[45,105]。因此，在 RF 功率为 80 W 时，随着压强从 280 Pa 增加到 300 Pa，等离子柱为连续形态，不是条纹形态[见图 5.6(g)至图 5.6(h)]。

条纹间距 ΔS 与气压的关系如图 5.7 所示，从图 5.7 可知，随着气压增加，条纹间距 ΔS 几乎线性减小。此外，在不同 RF 功率下的斜率也不一样。功率越高，斜率越大。

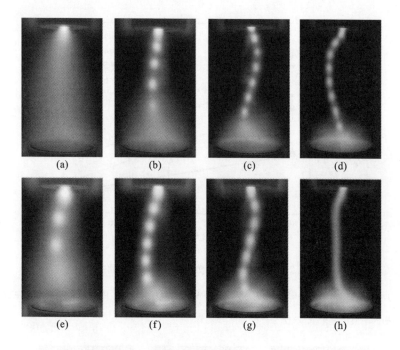

图 5.6　不同的功率和气压下的 RF-HCD 图像

(a)200 Pa,30 W;(b)250 Pa,30 W;(c)280 Pa,30 W;

(d)300 Pa,30 W;(e)200 Pa,80 W;(f)250 Pa,80 W;

(g)280 Pa,80 W;(h)300 Pa,80 W

注:下方电极接地,上方电极为空心阴极。空心阴极的孔径和孔深均为 1 cm,电极间距为 9 cm,电极之间不加玻璃管。

5.3.3　管径对条纹的影响

在电极间插入内径小于 2 cm 的石英管会使条纹在较低气压(小于 60 Pa)下出现,而放电通道中的条纹数量和条纹间距 ΔS 也会随所加玻璃管内径的变化而变化。图 5.8 显示了在气压 $p=200$ Pa 和 RF 功率 $P=70$ W 时插入不同内径的玻璃管的放电图像。从图 5.8 可知,插入玻璃管的内径越小,条纹间距 ΔS 也越小。如在两电极间不插入玻璃管时,条纹间距 ΔS 为 2.62 cm,然而,在电极间分别插入内径为 1.40 cm 和 1 cm 的玻璃管后,条纹间距 ΔS 则分别为 1.58 cm 和 1.25 cm。

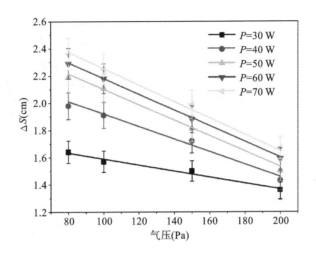

图 5.7　不同功率下条纹间距 ΔS 与气压的关系

注:误差棒为 5%。空心阴极的孔径和孔深分别为 1 cm 和 0.3 cm,电极间距为 9 cm。电极间插入一根长为 9 cm、内径为 1.4 cm 的玻璃管。

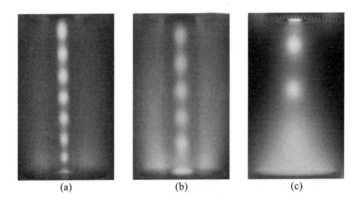

图 5.8　电极间插入不同内径的玻璃管的条纹放电图像

(a)内径为 1 cm;(b)内径为 1.4 cm;(c)不插入玻璃管

注:RF 功率为 70 W,压强为 200 Pa。下电极接地,上电极为空心阴极。空心阴极的孔径和孔深分别为 1 cm 和 0.3 cm,电极间距为 9 cm。

5.3.4　孔深对条纹的影响

在改变空心阴极的孔深时也会改变条纹间距 ΔS,如图 5.9 所示,条纹间距 ΔS 几乎线性地从孔深为 0.2 cm 时的 0.26 cm 增加到孔深为 1 cm 时的 0.61 cm。但这个结论仅在本实验的操作参数(孔深在 0.2～1 cm 的范围内变化)下有效,在后面的分析中将会提到:电子密度和条纹间距 ΔS 相关,当空心阴极的孔深与孔径之比大于 3 时,电子密度便不再增加[106],因此条纹间距 ΔS 与孔深之间的线性关系也不再成立。

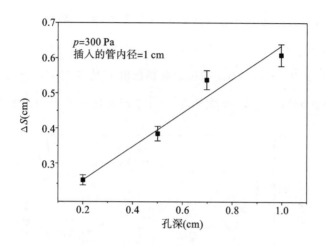

图 5.9　条纹间距 ΔS 与孔深的关系

注:误差棒为 5%。空心阴极的孔径和电极间距分别为 1 cm 和 9 cm。电极间插入一根长 9 cm、内径 1 cm 的玻璃管。RF 功率 $P=50$ W,气压 $p=300$ Pa。

5.4　条纹化通道的电场及其与条纹间距 ΔS 的关系

为了深入了解 RF-HCD 中条纹的特征,本书采用了局部光谱测量来获得明、暗条纹间的约化电场 E/N 的轴向分布(其中 E 是场强,N 是中性气体的密度)和电子密度。为此,实验中将极少量的氮气混入氩气中,加入氮气的量少到对氩气的放电特性几乎没有影响。在这种情况下,可以基于氮的两条发射谱线的强度比 $R_{394.3/337.1}$ 来估算约化电场 E/N。E/N 以 Td 为单位,1 Td $=10^{-17}$ V · cm²,而 394.3 nm 和 337.1 nm 谱线则属于中性氮分子的第二正带系(从 C³Π_u 到 B³Π_g)[107]。局部光谱测量由发散角很小的光纤(小于 4°)来收集谱线,因此,局部光谱测量的空间分辨率可以小于 0.28 cm,这比实验中的条纹间距 ΔS 要小,因此可以用于明、暗条纹间电场的测量。

在明、暗条纹中计算得到的 E/N 值和测量得到的氩的 750.39 nm 谱线的强度分布如图 5.10 所示。从空心阴极到接地电极,条纹放电通道被连续地命名为一暗、一明、二暗、二明。这里一暗指的是第一个暗区,而一明则指的是第一个条纹,如此类推。从图 5.10 可知,在明区,平均 E/N 大约为 35 Td,而中性气体氩气的密度 N 约为 2.11×10^{16} cm^{-3},因此明区的电场强度 E 约为 7.4 V/cm。而在暗区(两相邻条纹间的区域),平均 E/N 大约为 39 Td,即电场强度 E 约为 8.3 V/cm。

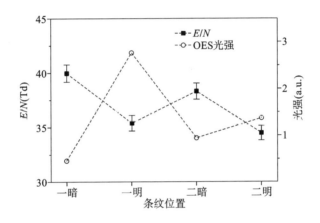

图 5.10 明、暗条纹中的约化电场 E/N 和氩的 750.39 nm 谱线的强度分布

注:$p = 88$ Pa,$P = 35$ W。E/N 的误差棒为 5%。空心阴极的孔径和深度分别为 1 cm 和 0.3 cm,电极间距为 9 cm。电极间加一长 9 cm、内径 1.4 cm 的玻璃管。

此外,氩气放电中电子密度的分布可大致由氩的 750.39 nm 谱线的强度来表征。750.39 nm 谱线对应转变 $3p^5 (^2P^0_{1/2}) 4p[1/2]_1 \rightarrow 3p^5 (^2P^0_{1/2}) 4s[1/2]^0_1$,以帕邢表达式来表示则是 $2p_1 \rightarrow 1s_2$。而 750.39 nm 谱线对应的激发能级主要由电子直接碰撞基态氩原子激发产生,所以该谱线强度正比于电子密度[108]。从图 5.10 可以看出,出现条纹时,电子密度也是条纹化的。

上述结果说明在明、暗条纹中,电子密度和约化电场 E/N 的分布是反相的,这和直流辉光放电中的条纹很相似[54,109]。

在 RF-HCD 中存在 HCE,从空心阴极到接地电极,条纹中氩的 750.39 nm 的

谱线强度(电子密度)会有些许降低,如图 5.10 所示,第一个明条纹会比第二个明
条纹的光谱强度大,原因是在空心阴极附近的高能电子会多于在接地电极附近的
高能电子,更多的高能电子会引起更大的激发和电离,靠近空心阴极那侧的
750.39 nm谱线的强度更大,离空心阴极越远,高能电子的数目也越少,明区中
750.39 nm 的谱线强度降低。

　　图 5.11 所示为氩的 750.39 nm 谱线强度和平均约化电场 E/N 与功率、气压
和孔深的关系。其中平均约化电场是明、暗条纹中约化电场的平均值。图 5.11(a)
显示,在气压为 200 Pa 时,放电强度(电子密度)随功率的增加而增加。这个结果
是合理的,因为随着射频功率的增加,会有更多的能量沉积到系统。然而,平均约

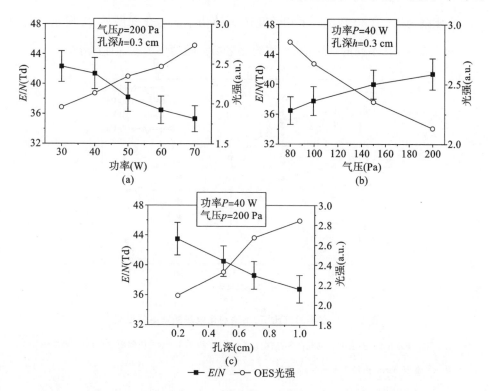

图 5.11　平均约化电场 E/N 和氩的 750.39 nm 谱线的强度和 RF 功率、气体压强、

**　　　孔深的关系**

注:E/N 的误差棒为 5%。空心阴极的孔径和电极间距分别为 1 cm 和 9 cm。电极间插入一根长为

9 cm、内径为 1.4 cm 的玻璃管。

化电场强度会随着射频功率的增加而降低,这趋势和条纹间距 ΔS 与射频功率的关系相反(见图 5.5)。在图 5.11(b)中,RF 功率 $P=40$ W 时,放电强度(电子密度)随压强的增加而降低,其原因是随着压强增加,HCE 降低,导致电子密度降低;然而,平均约化电场则随着压强的增加而增加,这趋势和条纹间距 ΔS 与压强的关系相反(见图 5.7)。在图 5.11(c)中,在气压为 200 Pa、功率为 40 W 时,放电强度(电子密度)随孔深的增加而增加,然而,平均约化电场强度会随孔深的增加而降低,这趋势和条纹间距 ΔS 与孔深的关系相反(见图 5.9)。

基于上述分析,在改变 RF 功率、气压和孔深时,电子密度和平均约化电场强度的变化是反相的关系,而条纹间距 ΔS 与平均约化电场也是反相的关系。

在压强为 80~200 Pa 时,平均约化电场随功率的变化如图 5.12 所示。从图 5.12 可以看出,在不同的气压下,平均约化电场都随功率的增加而减小。

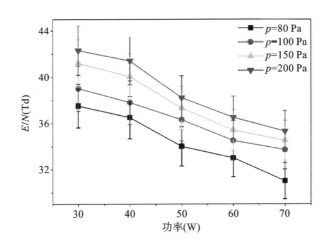

图 5.12 在不同气压下,平均约化电场随功率的变化

注:误差棒为 5%。空心阴极的孔径和孔深分别为 1 cm 和 0.3 cm,电极间距为 9 cm。电极间插入一根长 9 cm、内径 1.4 cm 的玻璃管。

图 5.13 显示了条纹放电中的电势降 ΔU 与压强和功率的关系,ΔU 粗略地由 $E_0 \cdot \Delta S$ 计算得出,其中 E_0 为平均电场强度。从图 5.13 可知,电势降 ΔU 随气压的增加而增加。在气压为 80 Pa 和 100 Pa 时,由于弹性碰撞中的小能量损失,电势降 ΔU 在 13~18 V 的范围内变化,超过了氩的激发电势(11.55 V)。根据电子动

力学的非局域理论[110]，在气压为 80～100 Pa 时形成的条纹为 S 形条纹。在气压为 150 Pa 和 200 Pa 时，电势降 ΔU 分别增加到约 25 V 和 28 V。随着气压的升高，能清晰表达条纹的非局域电子动力学性质的表达式 $\lambda_{\varepsilon,el} > \Delta S$ 可能不再能够满足[101]，其中 $\lambda_{\varepsilon,el}$ 是电子在弹性碰撞中的弛豫长度。在气压 $p = 150～200$ Pa 时，在电子穿越两相邻条纹时由弹性碰撞引起的能量损失会比在气压 $p = 80～100$ Pa 时大得多。电子需要在轴向电场中获取更多的能量来达到激发阈值 U^{exc}，因此在两个相邻条纹间的电势降会远远大于激发电势，这样的结果可能对应着条纹形成的局域理论[108,111]。

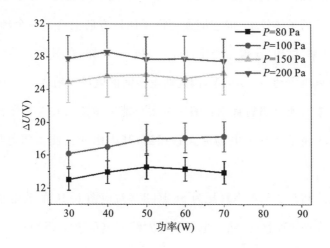

图 5.13　在不同气压下，电势降 ΔU 随功率的变化

注：空心阴极的孔径和孔深分别为 1 cm 和 0.3 cm。电极间距为 9 cm。电极间插入了一根长 9 cm、内径 1.4 cm 的玻璃管。

5.5　RF-CCP 条纹的机理

第 5.3 节的结果表明在一定的气压和功率下，条纹可以出现在 RF-HCD 结构中。主要的实验结果如下：

（1）条纹特性（形状、条纹间距 ΔS 等）依赖于结构（空心阴极尺寸、插入玻璃管等)和操作条件(RF 功率、气压、电极间距等)。

（2）条纹间距 ΔS 和电场 E 大致遵循 Novak 定律：$U^{exc} = eE \cdot \Delta S$。

（3）当条纹出现后，电场和电子密度在放电通道中也是分层的，并且它们在气压较低时为反相分布（见图 5.10）。

基于这些结果，这意味着在 RF-HCD 中的条纹和在 DC 辉光放电正柱区中出现的条纹性质相似。

一方面，在 RF-HCD 中的功率电极上有直流自偏压的存在。在实验的操作条件下，当条纹出现后，自偏压在 $-43 \sim -103$ V 的范围内变化。虽然直流自偏压不能完全降落在等离子体柱上，但它能在等离子体柱方向上诱导一个轴向电场。相应的，电场随功率、气压、孔深而变化（见图 5.11）。例如，在图 5.10 所示的条件下，测量的直流自偏压大约为 -105 V，因此两电极间的电场大约为 $E = 105$ V/9 cm $=$ 11.7 V/cm。考虑到全部的直流自偏压不太可能完全降落在等离子体柱上，这个电场值与由光谱测量得到的电场值大致相当，其中由光谱测得的电场值为 $35 \sim$ 39 Td。

考虑到条纹间距 ΔS，如在气压为 88 Pa 时（对应图 5.10 的放电条件），ΔS 为 1.1 cm。电子在通过暗区时，会从电场获得大约为 $e(E/p)(\Delta S p) = 8 \sim 12$ eV 的能量，这个值接近氩的 $4s[3/2]_2$ 能级的最小激发阈值（11.55 eV），这和 Novak 定律一致。

在这个机制下，实验结果就能够被很好地理解。

（1）在给定的气压下，增加射频功率会导致更多的能量沉积，放电将变得更强，电子密度也将变得更大，同时，沿着等离子体柱的轴向电场降低［见图 5.11(a)］，根据 Novak 定律，条纹间距 ΔS 增加，如图 5.5 所示。

（2）在给定的输入功率下，能量密度几乎是不变的。随着气压 p 的增加，HCE 减弱。因此，电子密度降低，而电场增加［见图 5.11(b)］，根据 Novak 定律，条纹间距 ΔS 减小，如图 5.7 所示。

（3）增加孔深能导致放电面积增加，因此 HCE 能发生在更大的范围，这能增加高能电子的数目和电子密度[106]，从而使放电变得更强而轴向电场在密度更大的等离子体中变得更弱，根据 Novak 定律，条纹间距 ΔS 增加（见图 5.9）。根据之前的研究[106]，有一个临界孔深，当孔深和孔径之比超过 3 时，电子密度便不再增加，但目前实验中孔深和孔径之比远低于这个值，因此在本书实验中只看到条纹间距 ΔS 随孔深单调增加。

实际上，任何影响电子密度或直流偏压的因素都会影响电场，而电场则会影响条纹间距 ΔS。例如，在电极间插入一根小内径的玻璃管，放电模式也将发生变化，吸附在介质表面的壁电荷将会影响轴向电场的分布，这将影响条纹形状和条纹间距 ΔS，这些已经在我们的实验中被观察到。

另一方面，当条纹出现后，等离子体柱上的电子密度和轴向电场也是条纹化的。在气压较低时，电子密度和轴向电场在明、暗条纹间的反相分布表明了电子的非局域动力学特性（见图 5.10）。电子非局域动力学特性，是指由于电子的能量弛豫长度较大，在这种情形下，电子可能在一个区域得到能量，然后与远离这个区域的其他电子分享所获得的能量。在暗区，电场相对较强，因此电子能在暗区获得更多的能量，但是不在暗区通过激发和电离来消耗能量。在明区，因为强烈的激发和电离，电子失去它们的能量；然而，在明区中，电场相对较弱，因此电子不能在明区中获得充足的能量。当增加射频功率、孔深时，因为电场减小，如图 5.11（a）和图 5.11（c）所示，依据 Novak 定律（$U^{acc} = eE \cdot \Delta S$），电子需要在暗区移动更大的距离来获得激发或电离所需的能量 U^{acc}，因此条纹间距 ΔS 增加。当增加气压时，因为电场增大，如图 5.11（b）所示，依据 Novak 定律（$U^{acc} = eE \cdot \Delta S$），电子在暗区移动较小的距离就可获得激发或电离所需的能量 U^{acc}，因此条纹间距 ΔS 减小。也就是说，在较低气压下的等离子体柱中的条纹形成与电子的非局域效应有关。

在电极间插入一根内径小于 2 cm 的玻璃管后，条纹能在低于 60 Pa 的气压下出现，这说明吸附在介质表面的壁电荷有助于条纹形成。原因应该是吸附在介质表面的壁电荷产生的电场会影响空间电场的分布。

RF-HCD 条纹只有当电极间距较大时才会出现，因此在实际应用中，可以通过减小电极间隙的手段来抑制条纹。

5.6 本 章 小 结

本章研究了圆柱形氩气射频空心阴极放电中的发光条纹,主要结论如下:

(1)在惰性气体放电中,发光条纹现象只能在一定的气压、功率、电极间距范围内观察到,超过或者低于此范围,条纹化放电通道将转变为连续化放电通道。

(2)条纹间距 ΔS 随输入功率、空心阴极孔深、电极间插入玻璃管的内径的增加而增加,随压强的增加而减小。在不同的放电参数下,条纹间距 ΔS 和电场 E 大致遵循 Novak 定律: $U^{exc} = eE \cdot \Delta S$。

(3)在射频空心阴极放电的明、暗条纹中,电子密度和电场的相位相反。

(4)射频空心阴极放电中的条纹形成机制和直流辉光放电中正柱区出现的条纹相似,是由弱电场等离子体中的非局域电子动力学行为造成的。

第6章　总结和展望

6.1　主要工作和结论

本书通过 PIC/MCC 模拟和实验分别对 RF-HCD 中的 HCE、孔外电子密度增强效应和发光条纹现象进行了研究。主要结果和结论如下：

1. RF-HCD 中的空心阴极效应

（1）在 RF-HCD 中的 HCE 会受射频电压的周期性变化影响。在一个射频周期中，当射频电压从正峰值变化到负峰值时，即空心电极鞘层扩张时，HCE 逐渐增强；从负峰值变化到正峰值时，即空心电极鞘层塌缩时，HCE 逐渐减弱。

（2）在本书的模拟条件下（氩气，气压 1 Torr，$\gamma_{Ar^+} = 0.1$），会同时存在鞘层震荡加热和二次电子加热。鞘层震荡加热和二次电子加热会促进 HCE。

（3）空心阴极的轴向鞘层厚度决定能否发生 HCE。电极间距、电压、气压、二次电子发射系数、孔径、孔深、外加直流偏压等参数的变化对 HCE 强度有重要影响。在改变气压 p 或孔径 D 时，会存在一个 pD 的最优值使 HCE 最强。

2. RF-HCD 中的孔外等离子体增强效应

（1）RF-HCD 孔外等离子体密度增强有两方面原因：一是在鞘层扩张期间，孔内扩张的鞘层会将部分高密度等离子体推出孔外；二是在鞘层收缩期间，也有部分高密度等离子体扩散出孔外。

（2）孔口处的径向体等离子体区宽度对孔外电子密度影响较大。如果孔口处的径向体等离子体区宽度较小,即使孔内电子密度最大,但经由扩散和鞘层扩张能到达孔外的电子数目也会较少,从而使孔外的电子密度较低。即使在鞘层完全扩张相位,孔内的高密度等离子体也完全不能被扩张的鞘层推出孔外,孔外的等离子体密度不一定增强。

3. RF-HCD 中的发光条纹

(1) 在惰性气体放电中,发光条纹现象只能在一定的电极间隙、气压和功率范围内观察到,不在此范围内,条纹化放电通道将转变为连续化放电通道。发光条纹特性(如条纹的形状、条纹间距 ΔS 等)依赖于放电结构(空心阴极尺寸、放电腔内径等)和操作条件(射频功率、气压等)。条纹间距 ΔS 随压强的增加而减小,随输入功率、空心阴极孔深、放电腔内径的增加而增加。条纹间距 ΔS 和电场 E 大致遵循 Novak 定律:

$$U^{exc} = eE \cdot \Delta S$$

(2) 在出现条纹后,放电通道中的电子密度和电场也呈条纹状分布。且在明、暗条纹中,电子密度和电场的相位相反。

(3) 射频空心阴极放电中的条纹形成机制和直流辉光放电正柱区条纹相似,是由弱电场等离子体通道中的非局域电子动力学行为造成的。

6.2　主要创新性成果

(1) 利用 2D3V 的 PIC/MCC 模型模拟了 RF-HCD 中 HCE 的机制,首次提出在一个射频周期 T 中,当射频电压从正峰值变化到负峰值过程中,HCE 逐渐增强;当射频电压从负峰值变化到正峰值过程中,HCE 逐渐减弱。二次电子加热和鞘层振荡加热能促进 HCE。

(2) 发现有两方面因素导致 RF-HCD 中孔外电子密度增强:一是在鞘层收缩期间,孔内也会有部分高密度等离子体扩散出孔外;二是当鞘层扩张时,孔内扩张的鞘层会进一步将孔内部分高密度等离子体推出孔外。孔口处的径向体等离子体区宽度对孔外电子密度影响较大。

（3）确定 RF-HCD 中的发光条纹现象是由弱电场等离子体中的电子非局域动力学行为造成的。

6.3　工　作　展　望

（1）本书的 PIC/MCC 粒子模型虽然可以比较好地描述射频空心阴极放电的基本特性，但是模型中并未考虑电离率、电子反射、电子诱导二次电子发射等过程。为了更好地反应放电过程，模型需要进一步完善。

（2）本书对在实验中观察到的发光条纹现象进行了较为深入的研究，但只是定性地给出了其形成机理，如何从理论角度定量地给出解释或者从模拟的角度再现条纹现象需要进一步研究。

（3）本书利用光谱发射法对射频空心阴极放电中发光条纹中的约化电场和电子密度进行了测量。但是如何在实验中精确测出电场强度和电子密度有待进一步解决。

参 考 文 献

[1] 周开亿.空心阴极放电及其应用(上册)[M].北京:真空科学与技术杂志社,1982.

[2] WEINSTEIN V,STEERS E B M,SMID P,et al. A detailed comparison of spectral line intensities with plane and hollow cathodes in a Grimm type glow discharge source[J]. Journal of Analytical Atomic Spectrometry,2010, 25(8):1283-1289.

[3] KERBER F,NAVE G,SANSONETTI C J. The spectrum of Th-Ar hollow cathode lamps in the 691-5804 nm region:Establishing wavelength standards for the calibration of infrared spectrographs [J]. The Astrophysical Journal Supplement Series,2008,178(2):374-381.

[4] YONG C H, HAN S U. Air plasma jet with hollow electrodes at atmospheric pressure[J]. Physics of Plasmas,2007,14(5):053503.

[5] LIN L,WANG B Y,WU C K. Characteristics of plasma spraying torch with a hollow cathode[J]. Plasma Science and Technology,2001,3(2):749-754.

[6] TACCOGNA F,SCHNEIDER R,LONGO S,et al. Kinetic simulations of a plasma thruster [J]. Plasma Sources Science and Technology, 2008, 17 (2):024003.

[7] NIIKURA C, ITAGAKI N, KONDO M, et al. High-rate growth of microcrystalline silicon films using a high-density SiH4/H2 glow-discharge plasma[J]. Thin Solid Films,2003,457(1):84-89.

[8] NIIKURA C,KONDO M,MATSUDA A. High rate growth of device-grade microcrystalline silicon films at 8 nm/s[J]. Solar Energy Materials & Solar Cells,2006,90(18/19):3223-3231.

[9] NIIKURA C,KONDO M,MATSUDA A. Preparation of microcrystalline silicon films at ultra high-rate of 10 nm/s using high-density plasma[J]. Journal of Non-Crystalline Solids,2004,338-340:42-46.

[10] BÁRDOŠ L. Radio frequency hollow cathodes for the plasma processing technology[J]. Surface and Coatings Technology,1996,86-87(Part 2):648-656.

[11] BÁRDOŠ L,Baránková H,Lebedev Y. Performance of radio frequency hollow cathodes at low gas pressures [J]. Surface and Coatings Technology,2003,163-164:654-658.

[12] BARÁNKOVÁ H,Bárodš L. Hollow cathode plasma sources for large area surface treatment[J]. Surface and Coatings Technology, 2001, 146-147: 486-490.

[13] ISHII K. High-rate low kinetic energy gas-flow-sputtering system[J]. Journal of Vacuum Science & Technology A:Vacuum,Surfaces,and Films,1989,7(2):256-258.

[14] MATHEW J,FERSLER R F,MERGER R A,et al. Generation of large area,sheet plasma mirrors for redirecting high frequency microwave beams [J]. Physical Review Letters,1996,77(10):1982-1985.

[15] GREGOR J A,FERNSLER R F,MEGER R A. Measurement of a planar discharge and its interaction with a neutral background gas[J]. IEEE Transactions on Plasma Science,2003,31(6):1305-1312.

[16] 刘永新. 双频容性耦合等离子体中电子无碰撞反弹共振加热[D]. 大连:大连理工大学,2013.

[17] RAIZER Y P. Gas discharge physics [M]. Springer Berlin,

Heidelberg,1991.

[18] 郑旭涛.空阴极气体放电及高电荷态空心离子的光谱研究[D].上海:上海交通大学,2005.

[19] 姜鑫先.射频空心阴极放电及其在微晶硅薄膜制备中的应用[D].北京:北京理工大学,2015.

[20] KOLOBOV V I,TSENDIN L D. Analytic model of the hollow cathode effect[J]. Plasma Sources Science and Technology,1995,4(4):551-560.

[21] 迈克尔·A.力伯曼,阿伦·J.里登伯格.等离子体放电原理与材料处理[M].蒲以康等译.北京:科学出版社,2007.

[22] FERMI E. On the Origin of the Cosmic Radiation[J]. Physics Today,1949,75(8):1169.

[23] LAFLEUR T,BOSWELL R W. Particle-in-cell simulations of hollow cathode enhanced capacitively coupled radio frequency discharges[J]. Physics of Plasmas,2012,19(2):023508.

[24] JIANG X X,HE F,CHEN Q,et al. Numerical simulation of the sustaining discharge in radio frequency hollow cathode discharge in argon[J]. Physics of Plasmas,2014,21(3):033508.

[25] HAN Q,WANG J,ZHANG L Z. PIC/MCC Simulation of Radio Frequency Hollow Cathode Discharge in Nitrogen[J]. Plasma Science and Technology,2016,18(1):72-78.

[26] ZHANG L Z,ZHAO G M,WANG J,et al. The hollow cathode effect in a radio-frequency driven microhollow cathode discharge in nitrogen[J]. Physics of Plasmas,2016,23(2):023508.

[27] HAN Q,GAO S X,WANG J,et al. Electron heating mechanism in radio-frequency microhollow cathode discharge in nitrogen[J]. Physics of Plasmas,2017,24(6):063509.

[28] SCHMIDT N,SCHULZE J,SCHÜNGEL E,et al. Effect of structured

electrodes on heating and plasma uniformity in capacitive discharges[J]. Journal of Physics D:Applied Physics,2013,46(50):505202.

[29] OHTSU Y,FUJITA H. Production of high-density capacitive plasma by the effects of multihollow cathode discharge and high-secondary-electron emission[J]. Applied Physics Letters,2008,92(17):171501.

[30] OHTSU Y,URASAKI H. Development of a high-density radio frequency plasma source with a ring-shaped trench hollow electrode for dry processing [J]. Plasma Sources Science and Technology, 2010, 19 (4):045012.

[31] OHTSU Y,KAWASAKI Y. Criteria of radio-frequency ring-shaped hollow cathode discharge using H2 and Ar gases for plasma processing[J]. Journal of Applied Physics,2013,113(3):033302.

[32] OHTSU Y,YAHATA Y,KAGAMI J,et al. Production of High-Density Radio-Frequency Plasma Source by Ring-Shaped Hollow-Cathode Discharge at Various Trench Shapes[J]. IEEE Transactions on Plasma Science,2013,41(8):1856-1862.

[33] OHTSU Y,MATSUMOTO N. Observation of radio frequency ring-shaped hollow cathode discharge plasma with MgO and Al electrodes for plasma processing[J]. Journal of Vacuum Science & Technology A, 2014, 32 (3):031304.

[34] OHTSU Y, MATSUMOTO N, SCHULZE J, et al. Capacitive radio frequency discharges with a single ring-shaped narrow trench of various depths to enhance the plasma density and lateral uniformity[J]. Physics of Plasmas,2016,23(3):033510.

[35] OHTSU Y, TAKASAKI M, SCHULZE J. Spatial structure of radio-frequency capacitive discharge plasma with ring-shaped hollow electrode using Ar and O_2 mixture gases[J]. Journal of Physics D:Applied Physics,

2019,52(35):355202.

[36] OHTSU Y,EGUCHI J,YAHATA Y. Radio-frequency magnetized ring-shaped hollow cathode discharge plasma for low-pressure plasma processing[J]. Vacuum,2014,101:46-52.

[37] LEE H S,LEE Y S,SEO S H,et al. The characteristics of the multi-hole RF capacitively coupled plasma discharged with neon,argon and krypton [J]. Thin Solid Films,2011,519(20):6955-6959.

[38] LEE H S,LEE Y S,SEO S H,et al. Effective design of multiple hollow cathode electrode to enhance the density of rf capacitively coupled plasma [J]. Applied Physics Letters,2010,97(8):081503.

[39] LEE H S,LEE Y S,CHANG H Y. The discharge condition to enhance electron density of capacitively coupled plasma with multi-holed electrode [J]. Physics of Plasmas,2012,19(9):093508.

[40] DJEROUROU S,DJEBLI M,OUCHABANE M. Plasma parameters of RF capacitively coupled discharge:comparative study between a plane cathode and a large hole dimensions multi-hollow cathode[J]. European Physical Journal:Applied Physics,2019,85(1):10801.

[41] TABUCHI T, MIZUKAMI H, TAKASHIRI M. Hollow electrode enhanced radio frequency glow plasma and its application to the chemical vapor deposition of microcrystalline silicon[J]. Journal of Vacuum Science & Technology,A,2004,22(5):2139-2144.

[42] FUKUDA T,MATSUOKA A,KONDOH Y,et al. Uniform RF discharge plasmas produced by a square hollow cathode with tapered shape[J]. Japanese Journal of Applied Physics,1998,37(1A):L81.

[43] YAMBE K, MATSUOKA A, KONDOH Y. Experimental study on favorable properties of compound RF discharge plasmas with a tapered shape hollow cathode compared with a plane cathode[J]. Japanese Journal

of Applied Physics,2006,45(11):8883-8889.

[44] PEKAREK L. Ionization waves(striations)in a discharge plasma[J]. Soviet Physics Uspekhi,1968,11(2):188.

[45] OLESON N L, COOPER A W. Moving striations [J]. Advances in Electronics and Electron Physics,1968,24:155-278.

[46] FRANKLIN R N. Plasma phenomena in gas discharges [M]. Oxford: Clarendon Press,1976.

[47] KOLOBOV V I. Striations in rare gas plasmas[J]. Journal of Physics D: Applied Physics,2006,39(24):R487-R506.

[48] TSENDIN L. Electron distribution function in a weakly ionized plasma in an inhomogeneous electric field. Ⅱ-Strong fields/energy balance determined by inelastic collisions[J]. Soviet Journal of Plasma Physics, 1982,8.

[49] RŮŽIČKA T, ROHLENA K. On non-hydrodynamic properties of the electron gas in the plasma of a dc discharge[J]. Czechoslovak Journal of Physics B,1972,22:906-919.

[50] RAYMENT S. The role of the electron energy distribution in ionization waves[J]. Journal of Physics D:Applied Physics,1974,7(6):871.

[51] ROHLENA K,RŮŽIČKA T,PEKAREK L. A theory of the low current ionization waves (striations) in inert gases [J]. Czechoslovak Journal of Physics B,1972,22:920-937.

[52] RAYMENT S W,TWIDDY N D. Electron energy distribution in moving striations[J]. Nature,1967:674-676.

[53] GOLUBOVSKII Y B,KOZAKOV R V,MAIOROV V A,et al. Nonlocal electron kinetics and densities of excited atoms in S and P striations[J]. Physical Review E,2000,62(2):2707.

［54］ GOLUBOVSKII Y B，MAIOROV V A，NEKUTCHAEV V O，et al. Kinetic model of ionization waves in a positive column at intermediate pressures in inert gases[J]. Physical Review E,2001,63(3):036409.

［55］ GOLUBOVSKII Y B,KOZAKOV R V,WILKE C,et al. Oscillations of the positive column plasma due to ionization wave propagation and two-dimensional structure of striations［J］. Plasma Sources Science and Technology,2004,13(1):135-142.

［56］ TATANOVA M，THIEME G，BASNER R，et al. About the EDF formation in a capacitively coupled argon plasma［J］. Plasma Sources Science and Technology,2006,15(3):507-516.

［57］ GOLUBOVSKII Y A，SKOBLO Y A. The structure of the electron distribution function in R striations[J]. Technical Physics Letters,2007,33(8):711-714.

［58］ GOLUBOVSKII Y B,KOZAKOV R,NEKUCHAEV V O,et al. Nonlocal electron kinetics and radiation of a stratified positive column of discharge in neon[J]. Journal of Physics D:Applied Physics,2008,41(10):105205.

［59］ GOLUBOVSKII Y B,SKOBLO A Y,WILKE C,et al. Peculiarities of the resonant structure of the electron distribution function in S-，P-and R-striations ［J］. Plasma Sources Science and Technology, 2009, 18 (4):045022.

［60］ GOLUBOVSKII Y B,SKOBLO A Y,WILKE C,et al. Kinetic resonances and stratification of the positive column of a discharge[J]. Physical Review E,2005,72(2):026414.

［61］ GOLUBOVSKII Y B，DEMCHUK D，NEKUCHAEV V，et al. On relaxation of the electron distribution function in resonant striation-like fields[J]. Technical Physics,2011,56(5):731-735.

［62］ GOLUBOVSKII Y B,KOLOBOV V I,NEKUCHAEV V O. On electron

bunching and stratification of glow discharges[J]. Physics of Plasmas, 2013,20(10):101602.

[63] GOLUBOVSKII Y B, KOZAKOV R V, BEHNKE J, et al. Resonance effects in the electron distribution function formation in spatially periodic fields in inert gases[J]. Physical Review E,2003,68:026404.

[64] VASENKOV A V, KUSHNER M J. Electron energy distributions and anomalous skin depth effects in high-plasma-density inductively coupled discharges[J]. Physical Review E,2002,66(6):066411.

[65] KIM H C,IZA F, YANG S S, et al. Particle and fluid simulations of low-temperature plasma discharges:benchmarks and kinetic effects[J]. Journal of Physics D:Applied Physics,2005,38(19):R283-R301.

[66] KOLOBOV V I,ARSLANBEKOV R R. Simulation of electron kinetics in gas discharges[J]. IEEE Transactions on Plasma Science,2006,34(3):895-909.

[67] NOVÁK M. Spatial period of moving striations as function of electric field strength in glow discharge[J]. Czechoslovak Journal of Physics,1960,10 (12):954-959.

[68] KAWAMURA E, LIEBERMAN M A, LICHTENBERG A J. Standing striations due to ionization instability in atmospheric pressure He/H_2O radio frequency capacitive discharges [J]. Plasma Sources Science and Technology,2016,25(5):054009.

[69] LIU Y X,SCHUNGEL E, KOROLOV I,et al. Experimental Observation and Computational Analysis of Striations in Electronegative Capacitively Coupled Radio-Frequency Plasmas[J]. Physical Review Letters,2016,116 (25):255002.

[70] LIU Y X,KOROLOV I,SCHÜNGEL E,et al. Striations in electronegative capacitively coupled radio-frequency plasmas: Effects of the pressure,

voltage,and electrode gap[J]. Physics of Plasmas,2017,24(7):073512.

[71] SAKAWA Y,HORI M,SHOJI T,et al. Evolution of paired luminous rings in capacitive radio-frequency hydrogen discharges[J]. Physics of Plasmas, 1997,4(5):1179-1181.

[72] KUMAR R,KULKARNI S V,BORA D. Cylindrical stationary striations in surface wave produced plasma columns of argon[J]. Physics of Plasmas, 2007,14(12): 22101.

[73] KUMAR R,BORA D. Experimental investigation of different structures of a radio frequency produced plasma column[J]. Physics of Plasmas,2010,17 (4):043503.

[74] MULDERS H C J,BROK W J M,STOFFELS W W. Striations in a low-pressure RF-driven argon plasma [J]. IEEE Transactions on Plasma Science,2008,36(4):1380-1381.

[75] STITTSWORTH J A,WENDT A E. Striations in a radio frequency planar inductively coupled plasma[J]. IEEE Transactions on Plasma Science, 1996,24(1):125-126.

[76] HE D, BAKER C J, HALL D R. Discharge striations in rf excited waveguide lasers[J]. Journal of Applied Physics,1984,55(11):4120-4122.

[77] DURRANI S M A, VIDAUD P, HALL D R. Measurements of striation formation time in an N_2 α RF discharge[J]. Journal of Plasma Physics, 1997,58(2):193-204.

[78] NAKATA J,TAKENAKA E,MASUTANI T. Striated column appearing in high frequency gas discharge[J]. Journal of the physical society of Japan,1965,20(9):1698-1705.

[79] MORGAN W L, CHILDS M W. Study of striations in a spherically symmetric hydrogen discharge [J]. Plasma Sources Science and Technology,2015,24(5):055022.

［80］ ASHURBEKOV N A,IMINOV K O. Stratification of the plasma column in transverse nanosecond gas discharges with a hollow cathode［J］. Technical Physics,2015,60(10):1456-1463.

［81］ VYSIKAYLO P I. Cumulative point－L1 between two positively charged plasma structures(3-D Strata)［J］. IEEE Transactions on Plasma Science, 2014,42(12):3931-3935.

［82］ LIU Y,CHEN D,BUSO D,et al. Experimental investigations on moving striations in a 50 Hz ac fluorescent lamp［J］. Journal of Physics D:Applied Physics,2008,41(13):135211.

［83］ LIU Y,ZISSIS G,LI W,et al. Model investigation on moving striations in low pressure Ar-Hg discharge:electron response to striation-like fields［J］. Journal of Physics D:Applied Physics,2009,42(9):095207.

［84］ CHABERT P, RAIMBAULT J L, RAX J M, et al. Self-consistent nonlinear transmission line model of standing wave effects in a capacitive discharge［J］. Physics of Plasmas,2004,11(5):1775-1785.

［85］ CHABERT P,RAIMBAULT J L,LEVIF P,et al. Inductive heating and E to H transitions in capacitive discharges［J］. Physical Review Letters, 2005,95:205001.

［86］ KUSHNER M J. Modeling of magnetically enhanced capacitively coupled plasma sources:Ar discharges［J］. Journal of Applied Physics,2003.

［87］ YAGISAWA T, SHIMADA T, MAKABE T. Modeling of radial uniformity at a wafer interface in a 2f-CCP for SiO_2 etching［J］. Journal of Vacuum Science & Technology,2005,23(5):2212-2217.

［88］ RAUF S,KUSHNER M J. The effect of radio frequency plasma processing reactor circuitry on plasma characteristics［J］. Journal of Applied Physics, 1998,83(10):5087-5094.

［89］ BOGAERTS A,BULTINCK E,ECKERT M,et al. Computer modeling of plasmas and plasma-surface interactions [J]. Plasma Processes and Polymers,2009,6(5):295-307.

[90] NANBU K. Theory of cumulative small-angle collisions in plasmas[J]. Physical Review E,1997,55(4):4642-4652.

[91] VAHEDI V,DIPESO G,BIRDSALL C K,et al. Capacitive RF discharges modelled by particle-in-cell monte carlo simulation. I. Analysis of numerical techniques[J]. Plasma Sources Science and Technology, 1993, 2 (4): 261-272.

[92] BIRDSALL C K. Particle-in-cell charged-particle simulations,plus monte carlo collisions with neutral atoms,PIC-MCC[J]. IEEE Transactions on Plasma Science,1991,19(2):65-85.

[93] 姜巍. 射频容性耦合等离子体的两维隐格式 PIC/MC 模拟[D]. 大连:大连理工大学,2010.

[94] BIRDSALL C K,LANGDON A B. Plasma physics via computer simulation [M]. Boca Raton:CRC Press,2004.

[95] 杨莎莉. 磁化容性耦合等离子体的 PIC/MCC 模拟研究[D]. 武汉:华中科技大学,2019.

[96] VAHEDI V,SURENDRA M. A monte carlo collision model for the particle-in-cell method applications to argon and oxygen discharges[J]. Computer Physics Communications,1995,87(1):179-198.

[97] PHELPS A V,PETROVIC Z L. Cold-cathode discharges and breakdown in argon:surface and gas phase production of secondary electrons[J]. Plasma Sources Science and Technology,1999,8(3):R21-R44.

[98] 张权治. 直流与射频混合放电下容性耦合等离子体的 PIC/MCC 模拟[D]. 大连:大连理工大学,2014.

[99] VAHEDI V,BIRDSALL C K,LIEBERMAN M A,et al. Verification of frequency scaling laws for capacitive radio-frequency discharges using two-

dimensional simulations[J]. Physics of Fluids B：Plasma Physics，1993，5 (7)：2719-2729.

[100] SURENDRA M，GRAVES D B，JELLUM G M. Self-consistent model of a direct-current glow discharge：Treatment of fast electrons[J]. Physical Review A，1990，41(2)：1112-1125.

[101] CRAMER W H. Elastic and Inelastic Scattering of Low-Velocity Ions： Ne$^+$in A，A$^+$ in Ne，and A$^+$ in A[J]. The Journal of Chemical Physics， 1959，30(3)：641-642.

[102] ZHANG Y T，SHANG W L. The recovery of glow-plasma structure in atmospheric radio frequency microplasmas at very small gaps[J]. Physics of Plasmas，2011，18(11)：110701.

[103] HE L L，HE F，BAI Z L，et al. Observation of striations in RF hollow electrode discharge in argon [J]. Physics of Plasmas，2019，26 (10)：102116.

[104] GÖRAN N. Wavelengths and energy levels of Ar Ⅰ and Ar Ⅱ based on new interferometric measurements in the region 3400-9800Å[J]. Physica Scripta，1973，8(6)：249.

[105] RŮŽIČKA T，ROHLENA K. On non-hydrodynamic properties of the electron gas in the plasma of a DC discharge[J]. Czechoslovak Journal of Physics，1972，22(10)：906-919.

[106] 姜鑫先，王春晓，何锋，等. 孔深对射频空心阴极放电特性的影响[J]. 高电 压技术，2014，40(10)：3068-3072.

[107] PARIS P，AINTS M，VALK F，et al. Reply to comments on intensity ratio of spectral bands of nitrogen as a measure of electric field strength in plasmas[J]. Journal of Physics D：Applied Physics，2006，39 (12)： 2636-2639.

[108] ZHAO G,ZHU W Y,WANG H H,et al. Study of axial double layer in helicon plasma by optical emission spectroscopy and simple probe[J]. Plasma Science and Technology,2018,20(7):106-111.

[109] GOLUBOVSKII Y B,MAIOROV V A,POROKHOVA I A,et al. On the non-local electron kinetics in spatially periodic striation-like fields[J]. Journal of Physics D:Applied Physics,1999,32(12):1391-1400.

[110] GOLUBOVSKII Y B, VALIN S, PELYUKHOVA E, et al. Discharge stratification in noble gases as convergence of electron phase trajectories to attractors[J]. Physics of Plasmas,2016,23(12):123518.

[111] GOLUBOVSKII Y B, KOZAKOV R V, MAIOROV V A. Nonlocal electron kinetics and densities of excited atoms in S and P striations[J]. Physical Review E,2000,62(2):2707-2720.